Anne-Christin Bansleben

Aroma-Identifizierung mit Gaschromatographie, Sensorik und Chemometrik

Anne-Christin Bansleben

Aroma-Identifizierung mit Gaschromatographie, Sensorik und Chemometrik

Verfahren zur Identifizierung aromabedeutsamer flüchtiger Verbindungen in Kräutern

Südwestdeutscher Verlag für Hochschulschriften

Impressum / Imprint
Bibliografische Information der Deutschen Nationalbibliothek: Die Deutsche Nationalbibliothek verzeichnet diese Publikation in der Deutschen Nationalbibliografie; detaillierte bibliografische Daten sind im Internet über http://dnb.d-nb.de abrufbar.
Alle in diesem Buch genannten Marken und Produktnamen unterliegen warenzeichen-, marken- oder patentrechtlichem Schutz bzw. sind Warenzeichen oder eingetragene Warenzeichen der jeweiligen Inhaber. Die Wiedergabe von Marken, Produktnamen, Gebrauchsnamen, Handelsnamen, Warenbezeichnungen u.s.w. in diesem Werk berechtigt auch ohne besondere Kennzeichnung nicht zu der Annahme, dass solche Namen im Sinne der Warenzeichen- und Markenschutzgesetzgebung als frei zu betrachten wären und daher von jedermann benutzt werden dürften.

Bibliographic information published by the Deutsche Nationalbibliothek: The Deutsche Nationalbibliothek lists this publication in the Deutsche Nationalbibliografie; detailed bibliographic data are available in the Internet at http://dnb.d-nb.de.
Any brand names and product names mentioned in this book are subject to trademark, brand or patent protection and are trademarks or registered trademarks of their respective holders. The use of brand names, product names, common names, trade names, product descriptions etc. even without a particular marking in this works is in no way to be construed to mean that such names may be regarded as unrestricted in respect of trademark and brand protection legislation and could thus be used by anyone.

Coverbild / Cover image: www.ingimage.com

Verlag / Publisher:
Südwestdeutscher Verlag für Hochschulschriften
ist ein Imprint der / is a trademark of
AV Akademikerverlag GmbH & Co. KG
Heinrich-Böcking-Str. 6-8, 66121 Saarbrücken, Deutschland / Germany
Email: info@svh-verlag.de

Herstellung: siehe letzte Seite /
Printed at: see last page
ISBN: 978-3-8381-3542-7

Zugl. / Approved by: Halle(Saale), Martin-Luther-Universität, Diss., 2011

Copyright © 2012 AV Akademikerverlag GmbH & Co. KG
Alle Rechte vorbehalten. / All rights reserved. Saarbrücken 2012

„Verfahren zur Identifizierung aromabedeutsamer flüchtiger Verbindungen in Kräutern mittels gaschromatographischer, sensorischer und chemometrischer Methoden am Beispiel von Oregano"

INHALTSVERZEICHNIS

TABELLENVERZEICHNIS	II
ABBILDUNGSVERZEICHNIS	III
ABKÜRZUNGSVERZEICHNIS	IV
1. EINLEITUNG	**1**
1.1 EINTEILUNG DER GEWÜRZE UND KRÄUTER	1
1.2 OREGANO – *ORIGANUM VULGARE*	1
1.2.1 BESCHREIBUNG	1
1.2.2 SYSTEMATIK	2
1.2.3 INHALTSSTOFFE	5
1.2.3.1 Ätherische Öle	7
1.2.3.2 Weitere sekundäre Pflanzeninhaltsstoffe	12
1.2.3.3 Wirkungen und Verwendung	12
1.2.4 WIRTSCHAFTLICHE ASPEKTE	14
1.3 ANALYTIK VON OREGANO	**15**
1.3.1 METHODEN DER GEWINNUNG VON ÄTHERISCHEN ÖL- VERBINDUNGEN	15
1.3.1.1 Wasserdampfdestillation	15
1.3.1.2 Lösungsmittelextraktion (LME) und Beschleunigte Lösungsmittelextraktion (PLE)	16
1.3.1.3 Lösungsmittelfreie Festphasenextraktion zur Gewinnung flüchtiger ätherischer Öl-Verbindungen	16
1.3.2 GASCHROMATOGRAPHISCHE GRUNDLAGEN	19
1.3.3 MASSENSPEKTROMETRIE	21
1.4 SENSORIK	**22**
1.4.1 GERUCH	23
1.4.2 GESCHMACK	24
1.5 CHEMOMETRIK	**25**
1.5.1 ALLGEMEIN	25
1.5.2 METHODEN	26
1.5.2.1 Clusteranalyse	26
1.5.2.2 Faktorenanalyse	29
1.5.2.3 Lineare Diskriminanzanalyse	32
1.5.2.4 Partial Least Square Regression (PLS-Regession)	34
2. ZIELSTELLUNG	**36**
3. ORIGINALARBEITEN	**38**

4.	**DISKUSSION**	**53**
4.1	IDENTIFIZIERUNG DER FLÜCHTIGEN AROMAVERBINDUNGEN	53
4.2	IDENTIFIZIERUNG DER AROMA-IMPACT-VERBINDUNGEN	55
4.3	ENTWICKLUNG EINES NEUEN VERFAHRENS ZUR ERMITTLUNG VON AROMAPROFILEN VON KRÄUTERN MIT HOHEN AROMAKONZENTRATIONEN	56
4.4	DIE CHEMOMETRIK – WICHTIGES WERKZEUG IN DER AROMAANALYTIK	57
4.5	FAZIT	59
5.	**ZUSAMMENFASSUNG**	**61**
6.	**SUMMARY**	**63**
7.	**LITERATURVERZEICHNIS**	**65**

TABELLENVERZEICHNIS

TABELLE 1: EINTEILUNG DER GATTUNG OREGANO NACH ITSWAART 1980   3
TABELLE 2: INHALTSSTOFFE OREGANO   6
TABELLE 3: EINTEILUNG DER TERPENE   8

Abbildungsverzeichnis

ABBILDUNG 1: OREGANO (THOMÈ 1885) 1
ABBILDUNG 2: STRUKTURFORMEL DES ISOPRENS 8
ABBILDUNG 3: MONOTERPENKOHLENWASSERSTOFFE IN OREGANO 10
ABBILDUNG 4: OXYGENIERTE MONOTERPENE IN OREGANO 11
ABBILDUNG 5: SESQITERPENKOHLENWASSERSTOFFE IN OREGANO 11
ABBILDUNG 6: OXYGENIERTE SESQITERPENE IN OREGANO 11
ABBILDUNG 7: ALKOHOLE IN OREGANO 12
ABBILDUNG 8: SCHEMATISCHE DARSTELLUNG DES QUERSCHNITTS DURCH
    EINE SPDE-KAPILLARE (LACHMEIER 2003) 17
ABBILDUNG 9: SCHEMATISCHER VERGLEICH VON SPME- UND SPDE-GERÄTEN
    (LACHMEIER 2003) 17
ABBILDUNG 10: SCHEMATISCHE DARSTELLUNG EINES PDMS-BESCHICHTETEN
    MAGNETRÜHRERS (GERSTEL GMBH & CO.KG 2009) 18
ABBILDUNG 11: LÄNGSSCHNITT DURCH DIE MENSCHLICHE NASE (INTERNET 1) 24
ABBILDUNG 12: ZUNGENLANDKARTE NACH COLLINGS
    (BIRBAUM UND SCHMIDT 2006) 24
ABBILDUNG 13: DENDROGRAMM (INTERNET 3) 27
ABBILDUNG 14: DARSTELLUNG EINER FAKTORENANALYSE 30
ABBILDUNG 15: TRENNUNG DURCH DIE VERSCHIEDENEN AUSGANGSVARIABLEN
    X1 UND X2 (BAHRENBERG ET AL. 1992) 33
ABBILDUNG 16: TRENNUNG DURCH VERSCHIEDENE DISKRIMINANZACHSEN
    (BAHRENBERG ET AL. 1992) 33
ABBILDUNG 17: TRENNUNG DURCH DIE DISKRIMINANZACHSE
    (BAHRENBERG ET AL. 1992) 33
ABBILDUNG 18: SCHEMATISCHE DARSTELLUNG DER PLS UND DEN BETEILIGTEN
    MATRIZEN (INTERNET 4) 35

ABKÜRZUNGSVERZEICHNIS

ASE	ACCELERATED SOLVENT EXTRACTION
CoA	COENZYM A
DMAPP	3,3-DIMETHYLALLYLPYROPHOSPHAT
EI	ELECTRON IONISATION (ELEKTRONENSTOSSIONISATION)
GC	GASCHROMATOGRAPHIE/GASCHROMATOGRAPHY
GC-O	GASCHROMATOGRAPHIE-OLFAKTOMETRIE
HRGC	HIGH RESOLUTION GAS CHROMATOGRAPHY
HSSE	HEADSPACE SORPTIVE EXTRACTION
IPP	ISOPENT-3-ENYLPYROPHOSPHAT
LME	LÖSUNGSMITTELEXTRAKTION
MS	MASSENSPEKTROMETRIE
PDMS	POLYDIMETHYLSILOXAN
PLE	PRESSURIZED LIQUID EXTRACTION
PLS	PARTIAL LEAST SQUARE REGRESSION
SPDE	SOLID PHASE DYNAMIC EXTRACTION
SPME	SOLID PHASE MICROEXTRACTION
SBSE	STIR BAR SORPTIVE EXTRACTION
WDD	WASSERDAMPFDESTILLATION

1. EINLEITUNG

1.1 EINTEILUNG DER GEWÜRZE UND KRÄUTER

Gewürze werden wegen ihres Gehalts an natürlichen Inhaltsstoffen als geschmacks- und/oder geruchsgebende Zutaten für Lebensmittel verwendet. Gewürze sind Blüten, Früchte, Knospen, Samen, Rinden, Wurzeln, Wurzelstöcke, Zwiebeln oder Teile davon, meist in getrockneter Form. Kräuter sind frische oder getrocknete Blätter, Blüten, Sprossen oder Teile davon (Teuscher, 2003). Somit zählt Oregano zu den Kräutern, da üblicherweise die Blätter verzehrt werden.

1.2 OREGANO – ORIGANUM VULGARE

1.2.1 BESCHREIBUNG

Familie	Lippenblütengewächse (*Lamiaceae*)
Synonyme	Echter Dost, Wilder Majoran, Origano
Andere Sprachen	engl.: Origano, Oregon franz.: Origan, Marjolaine sauvage span.: Orégano

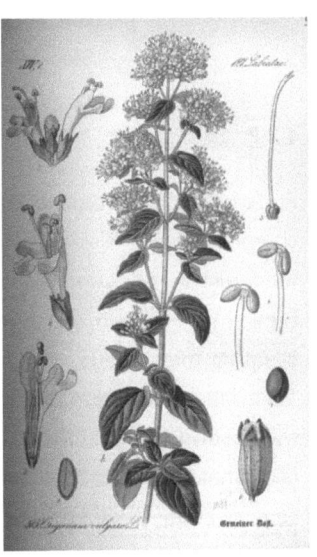

ABBILDUNG 1: OREGANO (THOMÈ 1885)

Aussehen	Die Pflanze wächst als Staude, und die Wurzeln sind weit verzweigt und verholzt. Die Stängel sind vierkantig, behaart und verholzen von unten beginnend. Die Blätter sind eiförmig, verschieden groß, bis 4 cm lang, dunkelgrün und behaart, Höhe: bis zu 50 cm, Blüte: weiß bis rosa in den Rispen, Blütezeit: Juli bis September, Früchte: kleine eiförmige braune bis rotbraune Nüsse.

Verbreitung	Ursprünglich stammt Oregano aus dem Mittelmeerraum. Inzwischen wird es im gesamten europäischen Raum, in Asien sowie Nord- und Mittelamerika (besonders in Mexiko) angebaut. In Deutschland liegt das Hauptanbaugebiet - etwa 550 ha - in Aschersleben (Sachsen-Anhalt).
Hauptlieferanten	Türkei, Mexiko
Hauptimporteure	USA, Frankreich, Deutschland, UK, Niederlande (Zijlstra-Adriano, 2006; Tucker und Maciarello, 1994; Olivier, 1997)
Kultivierung	Die Pflanze bevorzugt trockene, humose, durchlässige Böden an warmen, windgeschützten, sonnigen Standorten. Die Vermehrung erfolgt durch Direktsaat ab Ende April im Abstand von 50 x 50 cm. Die Anzucht einer Vorkultur ab Februar oder Stockteilung im Frühjahr ist möglich.

1.2.2 Systematik

Für die Gattung Oregano ist eine große morphologische und chemische Diversität charakteristisch. Bislang sind 49 Taxa (Spezies, Subspezies und Varitäten), die wiederum in 10 Gruppen eingeteilt sind, bekannt (Itswaart, 1980; Carlström, 1984; Danin, 1990; Danin und Künne, 1996) (Tabelle 2). Ein Großteil dieser wächst vor allem im mediterranen Raum. Im Einzelnen verteilen sich die Taxa wie folgt. Drei Taxa stammen aus Marokko und Südspanien, zwei aus Algerien und Tunesien, wiederum drei aus Libyen, neun aus Griechenland, drei aus dem südlichen Balkan und Anatolien, acht aus Israel, Jordanien und von der Sinai-Halbinsel, und 21 verschiedene Taxa konnten in der Türkei lokalisiert werden (Kokkini 1996). Die Einteilung der Taxa in diese 10 Gruppen erfolgt auf Grund der Morphologie der Pflanzen. Neben den bereits erwähnten 49 Taxa sind derzeit 17 Hybride aus diesen verschiedenen Species bekannt. Diese sind bislang jedoch noch nicht ausreichend charakterisiert. Der am häufigsten auftretende Hybrid ist *O. x intercedens*, eine Kreuzung aus *O. onites* und *O. vulgare* subsp. *hirtum*, der hauptsächlich in der Ägäis wächst.

TABELLE 1: EINTEILUNG DER GATTUNG OREGANO NACH ITSWAART 1980

Taxon	Herkunft
I. Amaracus (Gleditsch) Bentham	
O. boissieri Itswaart	Türkei
O. calcaratum Jussieu	Griechenland
O. cordifolium Vogel	Zypern
O. dictamnus L.	Kreta
O. saccatum Davis	Türkei
O. solymicum Davis	Türkei
O. symes Carlström	Griechenland
II. Anatolicon Bentham	
O. akhdarense Itswaart et Boulos	Libyen
O. cyrenaicum Beguinot et Vaccari	Libyen
O. hypericifolium Schwatz et Davis	Türkei
O. libanoticum Boissier	Libanon
O. scabrum Boissier et Heldreich	Griechenland
O. sipyleum L.	Griechenland, Türkei
O. vetteri Briquet et Barbey	Griechenland
O. pampaninii (Brullo et Furnari) Itswaart	Libyen
III. Brevifilamentum Itswaart	
O. acutidens (Handel-Mazzetti) Itswaart	Türkei
O. bargyli Mouterde	Syrien, Türkei
O. brevidens (Bornmüller) Dinsmore	Türkei
O. haussknechtii Boissier	Türkei
O. leptocladum Boissier	Türkei

Taxon	Herkunft
O. rotundifolium Boissier	Türkei
IV. Logitubus Itswaart	
O. amanum Post	Türkei
V. Chilocalyx (Briquet) Itswaart	
O. bigleri Davis	Türkei
O. micranthum Vogel	Türkei
O. microphyllum (Bentham) Vogel	Kreta
O. minutiflorum Schwarz et Davis	Türkei
VI. Majorana (Miller) Bentham	
O. majorana L.	Zypern, Türkei
O. onites L.	Griechenland, Sizilien, Türkei
O. syriacum L. var. *syriacum*	Israel, Jordanien, Syrien
var. *bevanii* (Holmes) Itswaart	Zypern, Syrien, Türkei, Libanon
var. *Sinaicum* (boissier) Itswaart	Halbinsel Sinai
VII. Campanulaticalyx Itswaart	
O. dayi Post	Israel
O. isthmicum Danin	Nordsinai
O. ramonense Danin	Israel
O. petraeum Danin	Jordanien
O. punonense Danin	Jordanien
O. jordanicum Danin & Künne	Jordanien
VIII. Elongatispica Itswaart	
O. elongatum (bonnet) Emberger et Maire	Marokko

Taxon	Herkunft
O. floribundum Munby	Algerien
O. grosii Pau et Font Quer ex Itswaart	Marokko
IX. Origanum	
O. vulgare L. subsp. *vulgare*	Europa
O. vulgare L. subsp. *glandulosum* (Desfontaines) Itswaart	Algerien, Tunesien
O. vulgare L. subsp. *gracile* (Koch) Itswaart	Afghanistan, Iran, Türkei, Rußland
O. vulgare L. subsp. *hirtum* (Link) Itswaart	Albanien, Kroatien, Griechenland, Türkei
O. vulgare L. subsp. *viridulum* (Martin-Donos) Nyman	Afghanistan, Kroatien, Frankreich, Griechenland, Iran, Italien
O. vulgare L. subsp. *virens* (Hoffmannsegg & Link) Itswaart	Marokko, Spanien
X. Prolaticorolla Itswaart	
O. compactum Bentham	Marokko, Spanien
O. ehrenbergii Boissier	Libanon
O. laevigatum Boissier	Türkei

1.2.3 INHALTSSTOFFE

Gewürze und Kräuter bestehen aus primären und sekundären Inhaltsstoffen. Die primären Inhaltsstoffe der Pflanzen sind bekanntlich neben Wasser und Salzen die lebenswichtigen Zellbestandteile (Tabelle 3). Zu ihnen gehören u.a. lösliche Zucker, Fettsäuren und Aminosäuren sowie unlösliche hoch molekulare Stoffe, wie z.B. Stärke, Cellulose, Lignin (Steinegger und Hänsel, 1992). Handelsüblich getrockneter Oregano hat einen Restwassergehalt von ca. 5-10 %.

TABELLE 2: INHALTSSTOFFE OREGANO

Inhaltsstoff	Gehalt (mg/100 g)
Energie	67 kcal
Wasser	82332
Eiweiß	2200
Fett	2000
Kohlenhydrate	9700
Ballaststoffe	2518
Mineralstoffe	144
Zink	0,9
Calcium	310
Phosphor	39
Natrium	3
Kalium	330
Eisen	7,384
Kupfer	0,18
Magnesium	53
Mangan	0,3
Vitamin A	0,135
Vitamin B1	0,07
Vitamin B2	0,15
Vitamin B3	1,044
Vitamin B6	0,18
Vitamin C	45
Vitamin E	1
Vitamin K	0,3

(Quelle: Bundeslebensmittelschlüssel)

Zu den sekundären Inhaltsstoffen gehören u.a. ätherische Öle, Scharfstoffe, Bitterstoffe, Farbstoffe, Gerbstoffe und phenolische Verbindungen (Steinegger und

Hänsel, 1992). Einfluss auf das Inhaltsstoffspektrum der einzelnen Pflanzen haben die Exposition der Blätter, ökologische Faktoren wie das Mikroklima sowie die Bodenbeschaffenheit. Aber auch die genetische Variabilität, der Zeitpunkt der Probenahme und der Zeitpunkt der Ernte sind hierfür von Bedeutung (Franke und Kensbock, 1981). Wertgebende Inhaltsstoffe der Gewürze für die Lebensmittelherstellung sind vor allem die ätherischen Öle. Sie verleihen der Pflanze ihren charakteristischen Geruch und Geschmack, stellen die würzende Eigenschaft im Lebensmittel dar und sind auch für ihre ernährungsphysiologischen Eigenschaften ausschlaggebend.

1.2.3.1 ÄTHERISCHE ÖLE

Unter ätherischen Ölen versteht man das Produkt der mittels Wasserdampfdestillation gewonnenen wasserdampfflüchtigen, bevorzugt lipophilen, duftenden Exkrete meist pflanzlicher Herkunft. Diese akkumulieren zahlreiche Pflanzenarten in speziellen Ölkörperchen oder Hohlräumen. Die Bildung des ätherischen Öls findet im glatten endoplasmatischen Retikulum und in den Plastiden der Zelle statt. Der Transport erfolgt über den Golgiapparat aus dem Protoplasma in den extrazytoplastischen Raum der Zelle (Diversifizierung der Zelle zur Ölzelle), aus der Zelle in die Cuticula (Drüsenhaar- oder Drüsenschuppenbildung) oder in interzelluläre Räume (schizogene Ölbehälter). Schizogene Ölbehälter entstehen durch das Auseinanderdrängen der Interzellularräume zu lysigenen Ölbehältern und zerstören benachbarte Zellen (Teuscher, 2004).
Die Funktion der Ölkomponenten in pflanzlichen Organismen ist sehr unterschiedlich. So hemmen sie die Samenkeimung und das Wachstum konkurrierender Pflanzen, dienen als Schutz vor Fraßschädlingen oder hemmen das Wachstum von Bakterien und Pilzen. Aufgrund ihrer sensorischen Eigenschaften werden Insekten bei Blütenpflanzen zur Bestäubung angelockt (Gerhardt, 1994).
Die typischen Komponenten eines ätherischen Öls sind acyclische, monocyclische bzw. bicyclische Mono- sowie Sesquiterpenkohlenwasserstoffe und die entsprechenden oxygenierten Verbindungen wie Alkohole, Aldehyde oder Ketone (Hegnauer, 1979). Die Terpene werden nur von Pflanzen und einigen Mikroorganismen synthetisiert (Watzl und Leitzmann 1995) und lassen sich formal als Oligomere des Kohlenwasserstoffs Isopren (2-Methyl-1,3-butadien) auffassen

und aus C_5-Einheiten zusammensetzen (Abbildung 2). Die so verknüpften Isopreneinheiten werden als aktives Isopren oder auch Isopent-3-enyldiphosphat (IPP) bezeichnet. Zeitgleich identifiziert durch Lynen und Bloch (Lynen et al., 1958; Chaykin et al., 1958). Je nach Zahl dieser Basiseinheiten werden sie in Monoterpene, Sesquiterpene, Diterpene, Sesterpene, Triterpene und Tetraterpene ein (Tabelle 4). Die Isopentylen-Basiseinheiten können entweder Kopf-Schwanz- oder Kopf- Kopf-verknüpft sein (Wallach, 1887; Ruzicka, 1922).

$$CH_2 = C - CH = CH_2$$
$$\vert$$
$$CH_3$$

ABBILDUNG 2: STRUKTURFORMEL DES ISOPRENS

TABELLE 3: EINTEILUNG DER TERPENE

Einteilung	Isopreneinheiten	Kohlenstoffatome
Monoterpene	2	C_{10}
Sesquiterpene	3	C_{15}
Diterpene	4	C_{20}
Sesterpene	5	C_{25}
Triterpene	6	C_{30}
Teraterpene	8	C_{40}

Die Bildung von IPP erfolgt in höheren Pflanzen über zwei unterschiedliche Biosynthesewege. Zum einen über den Mevalonatweg im Cytosol (Lynen und Hennig, 1960) und zum anderen über einen erst 1993 entdeckten, ursprünglich in Bakterien beschriebenen, alternativen Weg in Plastiden (Rohmer et al.,1993; Schwender et al., 1996; Lichtenthaler et al., 1997; Rodriguez-Concepcion et al., 2002). Im Mevalonatweg wird IPP aus drei Molekülen AcetylCoA gebildet. Zwei Moleküle AcetylCoA verbinden sich zunächst zu AcetoacetylCoA, durch Kondensation mit einem weiteren AcetylCoA entsteht 3-Hydroxy-3-methylglutaryl-CoA. Die eduktive Abspaltung von CoA ergibt Mevalonsäure. Durch zweifache

Phosphorylierung von Mevalonsäure entsteht das entsprechende Pyrophosphat, Decarboxylierung und Wasserabspaltung führen zu IPP, welches durch eine Isomerase in das stabilere 3,3-Dimethylallylpyrophosphat (DMAPP = Prenol) umgelagert wird.

3,3-Dimethylallylpyrophosphat lässt sich leicht nukleophil substituieren. Nukleophil wirkt die Doppelbindung des Isopentenylpyrophosphats. Durch Kopf-Schwanz-Kondensation entsteht (E)-2-Geranylpyrophosphat oder (Z)-2-Nerylpyrophosphat, dessen Hydrolyse zum acyclischen Monoterpenalkohol Geraniol bzw. Nerol führt.

Durch Verknüpfung mit weiteren IPP-Einheiten entstehen isomere Farnesylpyrophosphate, welche die Vorstufen zu den Sesquiterpenen und zu den anderen Terpenen und Steroiden darstellen (Bloch, 1965).

Im Gegensatz zum Mevalonat-Weg wird IPP im Methylerythritolphosphat-Weg aus Glyceraldehyd-3-Phosphat und Pyruvat gebildet. Beide Vorstufen werden unter Abspaltung der Säuregruppe des Pyruvats durch die 1-Deoxy-D-Xylulose-5-Phosphatsynthase zum 1-Deoxy-D-Xylulose-5-Phosphat verbunden. Die durch die 1-Deoxy-D-Xylulose-5-Phosphatreductoisomerase katalysierte Umlagerung des Kohlenstoffgerüsts und die Reduktion der Aldehydgruppe führen zum 2-C-Methyl-D-Erythritol-4-Phosphat. Dieses wird über die Zwischenstufen 4-Diphosphocytidyl-2-C-Methyl-D-Erythritol und 4-Diphosphocytidyl-2-C-Methyl-D-Erythritol-2-Phosphat durch die entsprechenden Synthasen zum 2-C-Methyl-D-Erythritol-2,4-Cyclodiphosphat umgewandelt. Eine Dehydratisierung resultiert nun in der Bildung von Hydroxymethylbutenyl-4-Diphosphat. Durch eine weitere Dehydratisierung entstehen als Endprodukte des Methylerythritolphosphat-Weges sowohl Isopentenyldiphosphat als auch Dimethylallyldiphosphat.

Den Arbeiten von Vokou et al. (1993), Price and Mushrush (2003), Teuscher (2003) sind prinzipielle Aussagen zum vorherrschenden Spektrum der ätherischen Öle im Oregano zu entnehmen.

Insgesamt sind in der Literatur inzwischen mehr als 30 verschiedene Terpene für Oregano beschrieben (Van den Dool und Kratz, 1963; Azizi et al., 2009; Loizzo et al., 2009; Pasquier, 1996; Bernàth, 1996; Milos et al., 2000, De Mastro, 1996; Leto und Salamone, 1996; Pino et al., 1993; Arnold et al., 1993; Ruberto et al.,1993). Die wichtigsten Vertreter sind in den Abbildungen 3 - 7 aufgeführt.

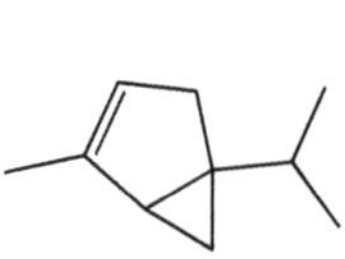

EINLEITUNG

α-Thujen   α-Pinen 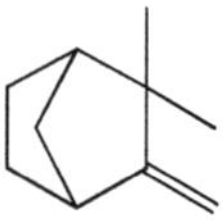   Camphen 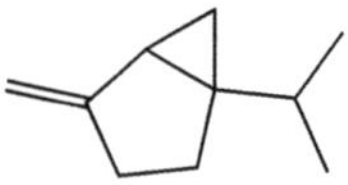   Sabinen

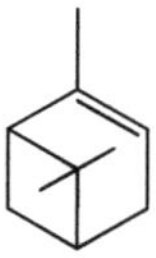

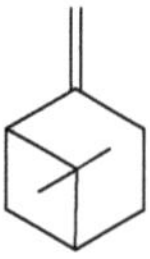

β-Pinen   Δ³-Caren   α-Phellandren   α-Terpinen

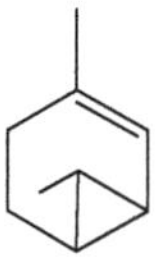

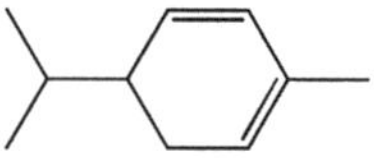

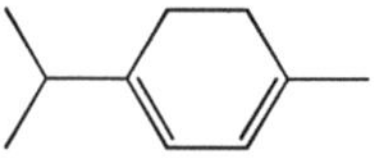

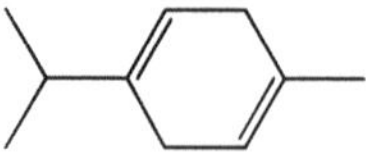

γ-Terpinen   Terpinolen   ρ-Cymen

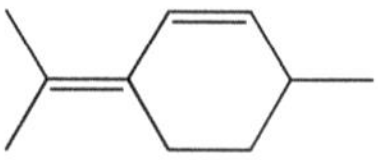

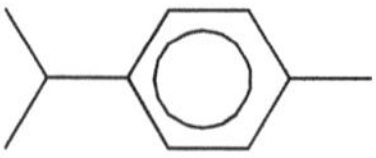

ABBILDUNG 3: MONOTERPENKOHLENWASSERSTOFFE IN OREGANO

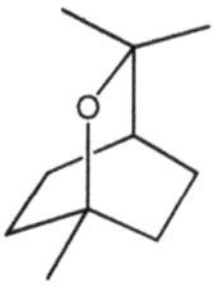

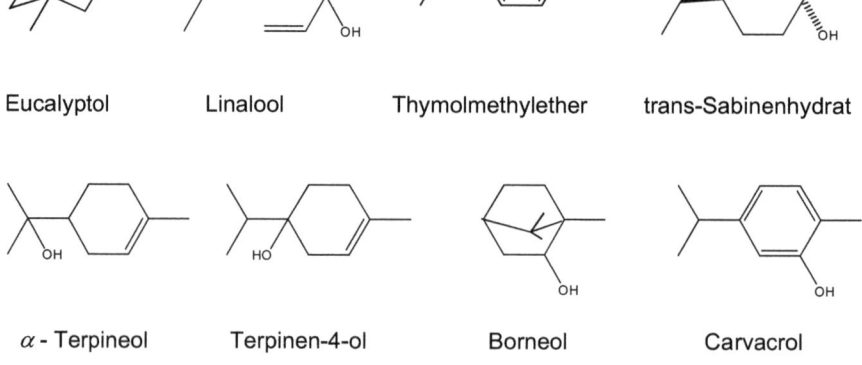

Eucalyptol 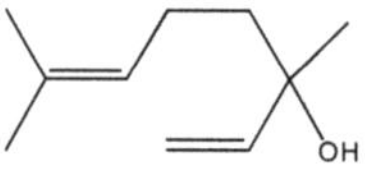   Linalool 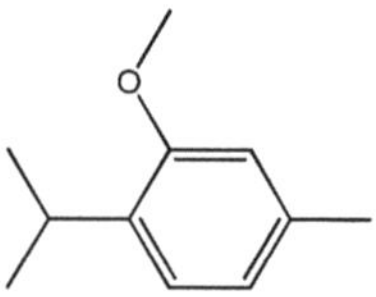   Thymolmethylether 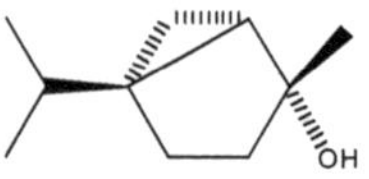   trans-Sabinenhydrat

α-Terpineol   Terpinen-4-ol   Borneol   Carvacrol

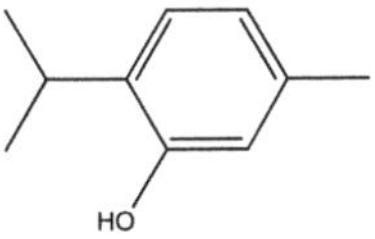

Thymol

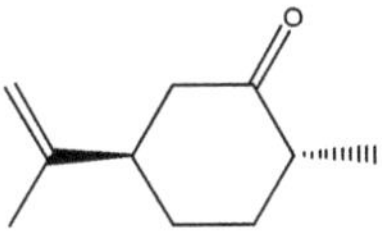

trans-Dihydrocarvon

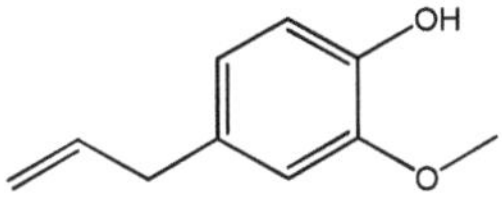

Eugenol

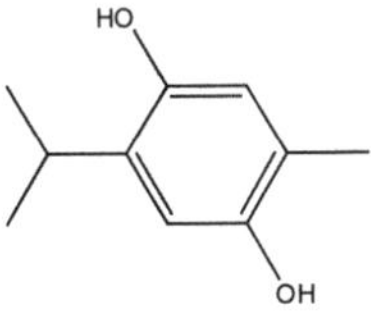

Thymolhydroquinon

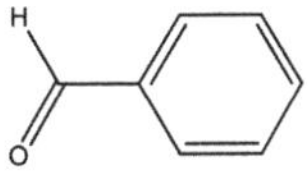

Benzaldehyd

ABBILDUNG 4: OXYGENIERTE MONOTERPENE IN OREGANO

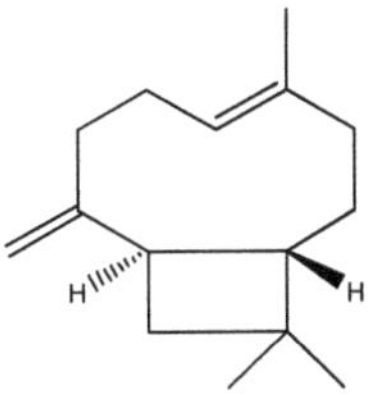

β- Caryophyllen

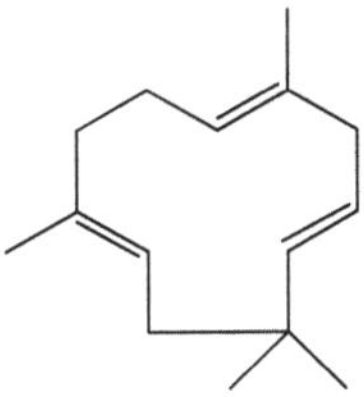

α-Humulen

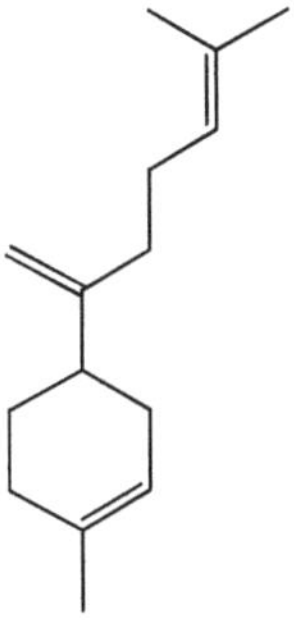

β- Bisabolen

ABBILDUNG 5: SESQITERPENKOHLENWASSERSTOFFE IN OREGANO

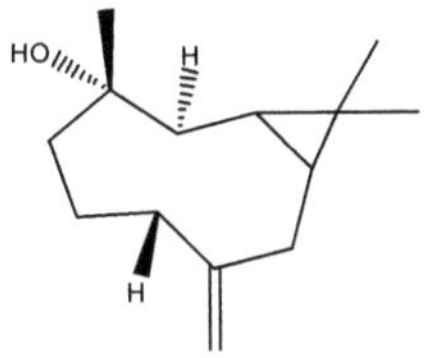

Spathulenol

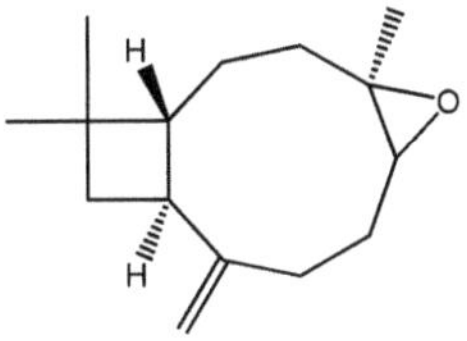

Caryophyllenoxid

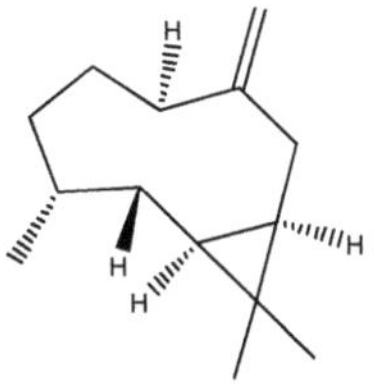

allo-Aromadendren

ABBILDUNG 6: OXYGENIERTE SESQITERPENE IN OREGANO

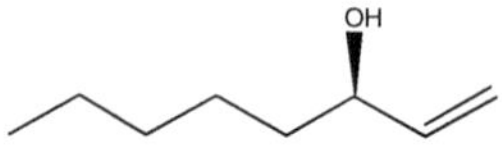

1-Octen-3ol

ABBILDUNG 7: ALKOHOLE IN OREGANO

Man findet in der Literatur, wie bereits aufgeführt, zwar zahlreiche Untersuchungen zu den ätherischen Öl-Verbindungen und ihren prozentualen Anteilen in Oregano, allerdings keine Aussagen, welche aromaaktiv sind. Für die sensorische Charakterisierung ist dies jedoch ausschlaggebend, da nicht die Quantität einer Verbindung ihre Aromaaktivität bestimmt, sondern sogar oftmals Minorverbindungen das Aroma stark prägen können.

1.2.3.2 WEITERE SEKUNDÄRE PFLANZENINHALTSSTOFFE

Neben den Terpenen im ätherischen Öl sind im Oregano noch weitere sekundäre Inhaltsstoffe enthalten. So wurden Flavonoide, hier besonders die Glykoside des Luteolins, Apigenins und Naringenins nachgewiesen (Antonescu et al., 1982; Zeng et al., 1997). Des Weiteren ist Oregano als Rosmarinsäurelieferant bekannt (Bin-Shan et al., 2005; Exarchou et al., 2002; Blaschek et al., 2006). Durch Herrmann (1956) und Lamaison et al. (1991 und 1990) wurden ca. 7 % Hydroxyzimtsäurederivate, hier vor allem Rosmarinsäure, mit einem Gehalt von bis zu 5 % identifiziert.

1.2.3.3 WIRKUNGEN UND VERWENDUNG

Neben der aromaaktiven Wirkung des Oregano werden diesem aufgrund der Inhaltsstoffe noch weitere Wirkungen zugeschrieben. Die unter 1.2.3.2 beschriebene Rosmarinsäure weist bekanntlich ein breites Spektrum an Wirkungen auf, welches von der pharmazeutischen und kosmetischen Industrie genutzt wird. So wird für Rosmarinsäure u.a. eine antimikrobielle (Bährle-Rapp, 2007), antivirale, antiinflammatorische (Eggensperger et al., 1998) und antioxidative (Kessel, 1986;

Kikuzaki und Nakatani, 1989; Cuvelier, 1996; Hänsel und Sticher, 2010) Wirkung in zahlreichen Studien belegt (Parnham und Kesserring, 1985).

Weitere Wirkungen sind die antibiotischen bzw. antimikrobiologischen Wirksamkeiten auf verschiedenste pathogene Keime. Im ätherischen Öl von Oregano sind Carvacrol und Thymol enthalten, für die eine antimikrobielle und fungizide Wirkung nachgewiesen ist. So ist z.B. die bakterizide Wirkung von Carvarol auf *Escherichia coli* (Du et al., 2008), *Bacillus cereus* (Ultee und Smid, 2001), *Pseudomonas aeruginosa* (Cox und Markham, 2007) beschrieben. Dabei wird in erster Linie die Zellwand der Bakterien zerstört und die Proliferation gehemmt.

Weitere Studien zeigten, dass die Zugabe von getrockneten Oreganokräutern bzw. daraus hergestellten Extrakten u.a. das Wachstum von *Shigella sonnei* (Bagamboula et al., 2003) und *Listeria monocytogenes* (Seaberg et al., 2003), Verderbniskeimen, die für Lebensmittelinfektionen verantwortlich sein können, inhibieren. Schon 150-200 ppm reines Carvacrol oder Thymol können das Wachstum von *Listeria monocytogenes* hemmen (Seaberg et al., 2003). Vor allem Lebensmittel, die größtenteils nicht maschinell hergestellt werden können, wie z.B. Salate, Suppen, Saucen und Sandwiches, sind gefährdet (Bagamboula et al., 2003). Dies sind jedoch auch Produkte, bei denen sich die Verwendung von Oregano geschmacklich sehr gut eignet und somit auf natürliche Art und Weise der Verderb von Lebensmitteln verhindert werden kann.

Eine antioxidative Wirkung für Oregano wird von Dorofeev et al. (1989), Nguyen et al. (1991), Sawabe und Okamoto (1994), Takacsova et al. (1995) und Lagouri et al. (1993) beschrieben. Verantwortlich hierfür sind u.a. die Verbindungen Carvacrol und Thymol aus dem ätherischen Öl der Pflanze.

Gertsch et al. (2008) ermittelten für (E)-β-Caryophyllen eine entzündungshemmende Wirkung. Sie stellten bei ihren Studien an Mäusen fest, dass (E)-β-Caryophyllen an den so genannten Cannabinoid-CB2-Rezeptoren in der Zellmembran andocken kann. Diese Rezeptoren sind Teil des Endocannabinoid-Systems. Ein Andocken von (E)-β-Caryophyllen führt dazu, dass diese Rezeptoren weniger entzündungsfördernde Signalstoffe ausschütten und ein Entzündungsprozess im Körper wieder reguliert wird. Laut Gertsch ist somit ein Einsatz von (E)-β-Caryophyllen gerade für die Behandlung von Allergien, Osteoporose oder chronischen Erkrankungen wie Morbus Crohn denkbar.

EINLEITUNG

Somit sind diese Terpene neben ihrer Verwendung in der Aromaindustrie auch in der Lebensmittelindustrie als natürliches Konservierungsmittel geeignet. Auf Grund ihrer antibiotischen Wirkung werden sie aber auch in der pharmazeutischen Industrie als Therapeutika und in kosmetischen Präparaten eingesetzt.

1.2.4 WIRTSCHAFTLICHE ASPEKTE

Bis heute ist die Oregano-Produktion aus der Kultivierung immer noch geringer als die aus Wildsammlungen der Pflanze. Das bedeutet natürlich eine Gefahr für die genetische Varietät. Dem entgegenwirken können nur die sich immer weiterentwickelnde Pflanzenbiotechnologie und die Züchtung. Hierfür ist allerdings wichtig, neben der bereits bekannten generellen Zusammensetzung der Inhaltsstoffe in Oregano, auch zu wissen, wie die einzelnen Spezies sensorisch charakterisiert sind. Nur so können mittels Pflanzenbiotechnologie und Züchtung die Varietät und große Nachfrage sichergestellt werden.

Die Türkei entwickelte sich in den letzten Jahren zum Hauptlieferanten von Oregano. Dabei ist der Export von Oregano aus der Türkei stetig gewachsen. Waren es 1991 noch 4633 Tonnen getrockneter Oregano mit einem Wert von 8 Millionen USD, (ein Kilogramm getrocknetes Kraut hatte einen Verkaufswert von 1,74 USD), sind es 1994 bereits 6500 Tonnen Ware in einem Wert von 16,1 Millionen USD und einem Preis von 2,50 USD/kg. 1999 überschritt die Verkaufsmenge die 7500 Tonnenmarke und erzielte Verkäufe von 16,6 Millionen USD. Heute sind es schätzungsweise 10.000 Tonnen getrockneter Oregano aus Wildsammlungen, die nur allein in der Türkei geerntet werden (Baser, 2002).

Auf dem Weltmarkt hat Mexiko seine führende Position der letzten 15 Jahre inzwischen an die Türkei verloren, wobei mexikanischer Oregano nicht von der Species *Origanum* abstammt, sondern von der Spezies *Lippia*. Diese Sorten werden hauptsächlich in die USA exportiert. Allerdings hat der Oregano-Import aus der Türkei in die USA in den letzten Jahren ebenfalls stark zugenommen. So lag die weltweite Produktion von Oregano 1999 bei 9000 Tonnen, wobei 2/3 dieser Produktion aus der Türkei stammen. Dieser enorme Anstieg der türkischen Oregano-Produktion ist in den verstärkten Wildsammlungen der Türkei begründet, die inzwischen den internationalen Qualitätsstandards voll entsprechen. Türkischer Oregano hat einen ätherischen Ölgehalt von mindestens 2,5 %, ist frei von mikrobiologischen Kontaminationen oder Schädlingen. Aus diesem Grund werden jährlich 650 Tonnen in die Türkei eingeführt, um diese so aufzubereiten, dass sie den Qualitätsmerkmalen entsprechen und um sie dann wieder zu exportieren (Olivier, 1997; Kayhan, 2000).

1.3 ANALYTIK VON OREGANO

1.3.1 METHODEN DER GEWINNUNG VON ÄTHERISCHEN ÖL- VERBINDUNGEN

Die qualitative und quantitative Zusammensetzung der ätherischen Öle hängt stark von der Gewinnungsmethode ab. Artefaktbildung, thermische und säurekatalysierte Umlagerungen sind die Hauptprobleme, die bei der Isolierung bestehen. Deshalb kommen für die Isolierung der ätherischen Ölkomponenten nur solche Methoden in Frage, bei denen diese auf ein Minimum reduziert bzw. vollständig unterdrückt werden.

1.3.1.1 WASSERDAMPFDESTILLATION

Am häufigsten wird für die Isolierung flüchtiger Pflanzeninhaltsstoffe die Wasserdampfdestillation gewählt (Schreier, 1984; Sandra, 1987). Bei der Wasserdampfdestillation können mit Wasser nicht mischbare Substanzen unterhalb ihres Siedepunktes mit Wasserdampf als Träger destilliert werden (Nickerson und Likens, 1966). Zu dem verhältnismäßig niedrigen Dampfdruck der terpinoiden Verbindungen addiert sich der Dampfdruck des heißen Wasserdampfes gemäß dem Daltonschen Gesetz der Partialdrücke, so dass ein Gesamtdampfdruck erreicht wird, der dem äußeren Luftdruck entspricht. Bei dieser Methode handelt es sich um ein kontinuierliches Verfahren, wobei das ätherische Öl in Hexan aufgefangen wird. Dabei können vereinzelt sehr saure Bedingungen (pH-Wert ~ 2) im Kolben mit dem Pflanzenmaterial auftreten (Schmaw und Kubeczka, 1984). Unter den üblichen Temperaturen von 100 °C kann dies bei säurelabilen oder thermisch empfindlichen Verbindungen zur Bildung von Artefakten im Extrakt führen. Daher mussten im Rahmen der vorliegenden Arbeit Untersuchungen zum Einfluss verschiedener (schonenderer) Extraktionsverfahren auf die Zusammensetzung der ätherischen

Ölkomponenten und damit auf ihre Eignung für die Identifizierung der aromabedeutsamen flüchtigen Verbindungen im Oregano erfolgen.

1.3.1.2 LÖSUNGSMITTELEXTRAKTION (LME) UND BESCHLEUNIGTE LÖSUNGSMITTELEXTRAKTION (PLE)

Die Lösungsmittelextraktion ist ein Verfahren, bei dem Substanzen selektiv aus einem wässrigen Medium in ein mit diesem nicht mischbaren organischen Lösungsmittel extrahiert werden. Es ist ein traditionelles Verfahren zur Isolierung ätherischer Ölbestandteile aus Pflanzen (Bowmann et al., 1997). Eine spezielle Form der Lösungsmittelextraktion stellt die so genannte beschleunigte Lösungsmittelextraktion (pressurized liquide extraction, PLE) dar. Unter hohem Druck und Temperaturen von bis zu 180 °C werden hier in Gegenwart geeigneter Lösungsmittel bzw. Lösungsmittelgemische organische Wirkstoffe aus festen Matrices herausgelöst. Gleichzeitig werden die Nachteile wie z.B. Emulsionsbildung (Kaltextraktion) oder Zersetzung organischer Wirkstoffe (Heißextraktion) weitgehend vermieden. Weitere Vorteile dieser Methode gegenüber der klassischen Lösungsmittelextraktion sind die kürzere Extraktionszeit, der geringere Lösungsmittelverbrauch und die Automatisierung.

1.3.1.3 LÖSUNGSMITTELFREIE FESTPHASENEXTRAKTION ZUR GEWINNUNG FLÜCHTIGER ÄTHERISCHER ÖL-VERBINDUNGEN

1.3.1.3.1 SOLID PHASE DYNAMIC EXTRAKTION

Die dynamische Festphasenextraktion (solid phase dynamic extraction, SPDE) ist eine Weiterentwicklung der Festphasenmikroextraktion (solid phase microextraction, SPME), die 1990 von Pawliszyn und Mitarbeitern entwickelt wurde (Arthur und Pawliszyn, 1990; Zhang et al., 1994). SPME integriert Probenahme, Extraktion, Konzentration und Probenaufgabe in einem einzigen Verfahren mittels einer nur 1-2 cm langen Glasfaser, die auf der Oberfläche mit einem Sorbens als stationäre Phase überzogen ist (Abbildung 8). Durch Exposition der SPME-Faser in der Probelösung oder im Headspace über der Probe werden die Analyten am Sorbens absorbiert und angereichert. Die Desorption erfolgt thermisch im Injektor des Gaschromatographen.

Bei der SPDE ist eine gasdichte Spritze mit einer speziellen innen belegten Kanüle ausgerüstet. Wird durch diese Nadel eine flüssige oder dampfförmige Probe aufgezogen, adsorbieren die Analyten an der stationären Phase (Abbildung 8). Zwischen flüssiger Probenmatrix und dem Film stellt sich ein Verteilungsgleichgewicht ein. Zur Anreicherung des Analyten in der stationären Phase der Nadel wird die Probe wiederholt durch die Nadel gespült. Zur Desorption wird die Spritzennadel in den heißen Injektor eines GC-Systems eingeführt. Die verdampfenden Analyten werden mit Hilfe einer Trägergasspülung durch Spritze und Spritzennadel ins Injektionssystem und letztlich auf die GC-Trennsäule transferiert.

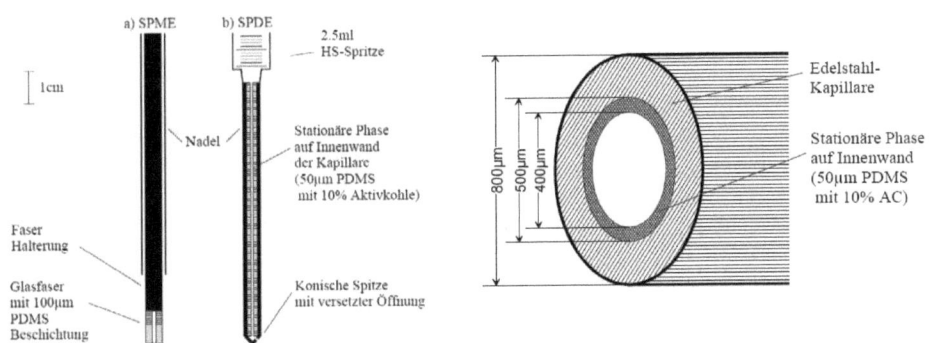

ABBILDUNG 8: SCHEMATISCHER VERGLEICH VON SPME- UND SPDE-GERÄTEN (LACHMEIER 2003)

ABBILDUNG 9: SCHEMATISCHE DARSTELLUNG DES QUERSCHNITTS DURCH EINE SPDE-KAPILLARE (LACHMEIER 2003)

Die Belegung der Edelstahlkapillaren erfolgt mit einem speziellen Verfahren aus der GC-Säulenherstellung (Chromtech 2002). Für die SPDE werden, wie auch für die SPME, PDMS- und Carbowax-Phasen verwendet (Abbildung 9). Der Unterschied liegt jedoch in der Beladungsmenge der Beschichtung mit PDMS, also auch in der Beladungskapazität. Bei der SPME beträgt diese 0,6 µl und bei der SPDE 4,5 µl (Bicchi, Cordero et al. 2004).

Mittels SPDE ist es auf Grund des größeren Beladungsvolumens möglich, Komponenten mit noch geringerer Konzentration nachzuweisen. Die SPDE-Technik ermöglicht zudem die vollautomatische dynamische Probenextraktion und Analytik. Die Probenextraktion erfolgt so wesentlich einfacher und zuverlässiger im Vergleich zum konventionellen SPME-Verfahren.

1.3.1.3.2 Stir Bar Sorptive Extraktion (SBSE)

Die Analyse von Minorkomponenten des Oreganoaromas ist von besonderer Bedeutung, da diese oftmals den Aromaeindruck entscheidend beeinflussen. Die SBSE-Technik macht es möglich, auch geringe Mengen an aromagebenden Inhaltsstoffen nachweisen zu können, da dieses Verfahren eine höhere Empfindlichkeit als die beiden beschriebenen Verfahren SPME und SPDE besitzt. Die hier verwendeten mit PDMS beschichteten Magnetrührer (Abbildung 10) haben eine noch größere Beladungskapazität als die SPDE-Spritze (28-fach höher), bei der der Analyt im Mantelmaterial angereichert wird. Das der Festphasenmikroextraktion ähnliche Verfahren wurde von Pat Sandra entwickelt (Baltussen et al., 1999). Diese Methode ist jedoch weniger praktikabel für die Untersuchung großer Probemengen, da eine vollautomatische Probenvorbereitung derzeit von keinem Hersteller angeboten wird.

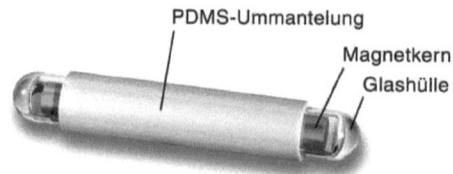

ABBILDUNG 8: SCHEMATISCHE DARSTELLUNG EINES PDMS-BESCHICHTETEN MAGNETRÜHRERS (GERSTEL GMBH &CO.KG 2009)

Headspace Verfahren

Bei allen beschriebenen Verfahren (SPME, SPDE, SBSE) ist es generell möglich, Headspace-Analysen durchzuführen. Hierbei werden die Faser, die Kanüle bzw. der beschichtete Magnetrührer in den Kopfraum über der Probe platziert. Die Headspace Sorptive Extraction (HSSE) wurde maßgeblich durch Tienpont et al. (2000) und Bicchi et al. (2000) entwickelt und in den letzten Jahren für die Analyse von Lebensmitteln sowie von Aroma- und Medizinalpflanzen erfolgreich angewendet (Bicchi et al., 2000a, 2000b, 2002). Von Bicchi et al. (2004) konnte die Headspace-Solid Phase Dynamic Extraction (HS-SPDE) für die Analyse flüchtiger Verbindungen aus Lebensmitteln und Kräutern (getrockneter Rosmarin, gerösteter und nicht gerösteter Kaffee, Weiß- und Rotwein, Bananen) etabliert werden.

1.3.2 Gaschromatographische Grundlagen

Mittels Gaschromatographie werden Stoffgemische, die gasförmig vorliegen oder sich unzersetzt verdampfen lassen, getrennt, wobei als mobile Phase ein Gas dient. Bei der Kapillar-Gaschromatographie (auch als HR-GC = High Resolution-GC bezeichnet) werden zwei Arten von Kapillarsäulen (auch Golay-Säulen nach ihrem Erfinder) unterschieden: Zum einen die Dünnfilmkapillarsäule = wall coated open tubular columns (WCOT-columns), bei der die stationäre Phase als dünner Flüssigkeitsfilm auf die entsprechend behandelte Kapillarwand direkt aufgetragen wird (Verteilung). Hierbei befindet sich die Trennflüssigkeit als Film von 0,1 µm - 3 µm auf der Innenwand einer Kapillare von 0,1 mm - 0,5 mm Innendurchmesser. Der Trennfilm wird durch Molmassenerhöhung (polymere Quervernetzung) und chemische Bindung (OH-Gruppen am Silicium) an der Innenwand nachträglich immobilisiert, wodurch eine hohe Temperaturstabilität erreicht wird und somit Säulenbluten vermindert werden kann. Derartige Säulen vertragen größere Probenvolumina und können zum Entfernen von Kontaminationen mit geeigneten Lösungsmitteln gespült werden.

Zum anderen gibt es Dünnschichtkapillarsäulen = support coated open tubular columns (SCOT-columns), bei denen wiederum das Trägermaterial, das die stationäre Phase enthält, als dünne Schicht auf der Rohrinnenwand aufgebracht ist (Adsorption). Diese enthalten eine dünne Schicht imprägnierten Trägermaterials. In beiden Fällen haben die Kapillaren einen offenen Längskanal, wodurch Säulenlängen von über 200 m möglich werden. Das Säulenmaterial selbst besteht aus amorph geschmolzenes SiO_2 (Fused Silica), woraus sich sehr dünnwandige flexible Kapillaren von großer Inertheit herstellen lassen. Zum Schutz vor chemischen und mechanischen Einflüssen erhalten diese Kapillaren eine temperaturfeste Polyimidbeschichtung.

Grundlage der gaschromatographischen Trennung ist der Transport von Substanzen mittels eines Gases als mobile Phase über/durch eine stationäre Phase. Im einfachsten Falle erfolgt die Trennung ausschließlich aufgrund der unterschiedlichen Siedepunkte der Einzelsubstanzen in dem Gemisch. Dabei kommt es zu keiner speziellen Wechselwirkung mit der stationären Phase. Die Analyten haben eher die Neigung in der mobilen Phase zu verbleiben.

EINLEITUNG

Je nach Art der stationären Phase erfolgt auch eine Wechselwirkung mit dieser, infolgedessen wird die Trennstrecke langsamer. Diese Verzögerung wird als chromatographische Retention bezeichnet. Die spezielle Wechselwirkung - genauer das Gleichgewicht zwischen der Gasphase und der stationären Phase - ist als Raoultsches Gesetz bekannt. Je höher der Partialdampfdruck einer Substanz nach dem Raoultschen Gesetz, d.h. je länger sich die Substanz in der Gasphase befindet, desto kürzer wird die Retentionszeit. Die Stärke der Wechselwirkungen zwischen den Probenkomponenten und der stationären Phase wird sowohl von deren Struktur als auch von deren funktionellen Gruppen bestimmt. Dabei treten bei unpolaren Substanzen ausschließlich Dispersionswechselwirkungen (Van-der-Waals-Bindungen) auf, während polare Substanzen mit polaren Trennphasen auch polare Wechselwirkungen eingehen können (z.B. Wasserstoffbrückenbindungen oder Donator-Akzeptor-Bindungen).

Die Güte der gaschromatographischen Trennung lässt sich auf Grund einiger Parameter charakterisieren:

Der Kapazitätsfaktor k ist ein Maß für die Wanderungsgeschwindigkeit einer Substanz im chromatographischen System und beschreibt das Verhältnis aus Nettoretentionszeit t_R einer Substanz und der Totzeit t_M.

$$k = t_R / t_M$$

k   Kapazitätsfaktor
t_R Nettoretentionszeit
t_M Totzeit

Die Selektivität α beschreibt wie weit zwei benachbarte Peaks voneinander getrennt sind. Sie werden berechnet aus dem Quotienten der Kapaziätsfaktoren k zweier benachbarter Peaks. Der Kapazitätsfaktor der Substanz, die länger in der Säule verweilt, steht im Zähler.

$$\alpha = \frac{k_2}{k_1}$$

α Selektivität
k_1 Kapazitätsfaktor der Substanz, die länger in der Säule verweilt
k_2 Kapazitätsfaktor der Substanz, die kürzer in der Säule verweilt

Ein Wert von $\alpha = 1$ würde bedeuten, dass die beiden Substanzen nicht voneinander getrennt sind. Je größer die Selektivität, desto besser sind die Substanzpeaks voneinander getrennt.

Eine weitere Kenngröße zur Beschreibung der Trennung zweier benachbarter Peaks ist die Auflösung R. Diese beschreibt inwieweit zwei benachbarte Peaks überlappen. Die Auflösung R ergibt sich aus dem Quotienten der Differenz der Retentionszeiten der beiden Peaks und der Differenz der Halbwertsbreiten der beiden Peaks. Hierbei gilt ungefähr, dass bei Werten größer $R > 1,3$, die beiden Peaks bis zur Grundlinie getrennt sind.

Durch die Kapillartechnik mit ihren geringen Trägergasflußraten ist eine direkte Kopplung des gaschromatographischen Trennsystems mit dem Massenspektrometer möglich.

1.3.3 MASSENSPEKTROMETRIE

Bei der Massenspektrometrie werden grundsätzlich Ionenerzeugung, Ionentrennung und Ionendetektion gekoppelt. Zunächst erfolgt eine Ionisierung der Analytmoleküle mit energiereichen Elektronen in der so genannten Ionenquelle. Die Elektronenstoßionisation (electron ionisation oder electron impact, EI) ist eine universelle Ionisationsmethode der Massenspektrometrie organisch flüchtiger Komponenten. Unter EI-Bedingungen werden die zu untersuchenden Moleküle isoliert in der Gasphase bei $10^{-5} - 10^{-6}$ mbar mit Elektronen hoher kinetischer Energie (meist 70 eV) beschossen. Dabei werden aus dem Molekül ein oder seltener zwei Elektronen herausgeschlagen. Es entsteht ein Radikalkation. Dieses ist meistens instabil und zerfällt in kleinere Massenfragmente, von denen eines geladen bleibt. Zur Trennung der Ionen werden im Fall der Quadrupol-MS die erzeugten Ionen durch ein statisches, elektrisches Feld beschleunigt. Danach durchfliegen sie vier parallel liegende Stabelektroden, deren Schnittpunkte mit einer Ebene senkrecht zur Zylinderachse ein Quadrat bilden. Im Wechselfeld zwischen den Quadrupol-Stäben findet eine Selektion nach dem Masse/Ladungsverhältnis der ionisierten Moleküle statt, so dass jeweils nur Teilchen mit einer definierten m/z das Feld durchlaufen können. Das zweite mögliche Prinzip der Ionentrennung ist die Ionenfalle (engl. Ion trap). Das Prinzip einer Ionenfalle beruht darauf, die erzeugten Ionen in einem Quadrupolfeld zu halten. Je nach Art der einwirkenden Felder können entweder nur Ionen einer bestimmten Masse zurückgehalten werden, oder aber sämtliche Ionen in der Falle gesammelt werden. Durch geeignete Veränderung der Felder können Ionen mit einer bestimmten Masse die Iontrap verlassen. Dadurch ist es möglich, gezielt den Vorrat der Ionen massenauftrennend zu scannen. Die Ionenfalle besteht aus drei Elektroden, einer ringförmigen Elektrode und zwei hyperbolischen Deckkappen. Die Deckkappen haben jeweils eine Öffnung für den Eintritt und den Austritt der Ionen.

Anschließend treffen die Ionen in einem Detektor mit Messverstärker, der die Ionenintensität in Abhängigkeit von der Zeit bestimmt (Oehme, 1996). Die Größen und Häufigkeiten der Molekül- und Fragmentionen sind für beide massenspektrometrischen Ionentrennprinzipien bei gegebener Beschleunigungsspannung für eine Substanz in Datenbanken katalogisiert und können zur Identifizierung herangezogen werden.

1.4 SENSORIK

Laut §64 des LFGB (Bundesamt für Verbraucherschutz und Lebensmittelsicherheit, 2007) versteht man unter Sensorik die Wissenschaft vom Einsatz menschlicher Sinnesorgane zu Prüf- und Messzwecken. Die dabei benutze Methodik wird als Sensorische Analyse bezeichnet. Sie umfasst die Planung, Durchführung und Auswertung sensorischer Prüfungen sowie gegebenenfalls die Interpretation der Ergebnisse. Bei der Durchführung der sensorischen Prüfung werden die Produkteigenschaften mit den Sinnen sowie deren Beschreibung und/oder Bewertung unter standardisierten Bedingungen erfasst. Hierbei werden folgende Sinneseindrücke beschrieben und bewertet:
- o Visuelle Eindrücke (Farbe, Form)
- o Olfaktorische Eindrücke (Geruch, retronasaler Geruch)
- o Gustatorische Eindrücke (Grundgeschmacksarten)
- o Trigeminale Eindrücke (Wahrnehmung über die Chemorezeptoren, wie z.B. stechend, brennend, adstringierend)
- o Temperaturbedingte Eindrücke (Wärme- und Kälteempfindungen)
- o Haptische Eindrücke (taktile und kinästhetische Eindrücke)
- o Auditive Eindrücke (Kaugeräusche, wie z.B. knusprig)

Einige Sinneseindrücke lassen sich auch unter folgenden Begriffen zusammenfassen:
- o Konsistenz (Summe der haptischen Eindrücke)
- o Mundgefühl (Summe haptischer, temperaturbedingter und/oder trigeminaler Eindrücke im Mundraum)
- o Textur (Summe visueller, haptischer und auditiver Eindrücke)
- o Aroma (Summe olfaktorischer und gustatorischer Eindrücke)
- o Flavour (Summe olfaktorischer, gustatorischer, temperaturbedingter und/oder trigeminaler und haptischer Eindrücke im Mund)

Die am häufigsten vorkommenden geschmacks- und aromagebenden Verbindungsklassen bei Gewürzen sind Terpene, aliphatische Alkohole, Aldehyde, Ketone, Ester und Lactone. Eine nur geringfügige Änderung in der Struktur, z.B. bei aliphatischen Alkoholen oder Aldehyden, die Einführung einer oder mehrerer Doppelbindungen, kann zu einem anderen Geschmacks- oder Geruchseindruck führen (Ternes, 1994).

1.4.1 GERUCH

Riechen besteht naturwissenschaftlich betrachtet in der Wahrnehmung flüchtiger, chemischer Substanzen, die sich in einer gasförmigen Phase befinden. Beim Menschen werden sie über Sinneszellen im Nasenraum aufgenommen. Riechsinneszellen sind in einem relativ eng umgrenzten Bereich im Nasendach lokalisiert (*Regio olfactoria*). Da sie im Nasendach auf der dritten Nasenmuschel liegt, gelangt bei normaler Atmung nur etwa zwei Prozent der Atemluft zu ihr (Abbildung 11). Kurzes stoßartiges Schnüffeln fördert durch stärkere Verwirbelung der Atemluft und vermehrte Belegung der Riechschleimhaut mit Duftstoffen die Riechwahrnehmung (Neumann und Molnar 1991). Die Signale der Riechzellen werden über Nervenfasern aus dem Nasenraum hinaus durch die feinen Löcher des knöchernen Siebbeins hindurch in die zwei wattestäbchenförmigen Riechkolben (*Bulbi olfatorii*) geleitet. Hier werden sie an Glomeruli und Mitralzellen aufbereitet, bevor sie über den *Tractus olfactorius* in das Gehirn weitergeleitet werden (Dodd und Castellucci, 1991; Braun, 2007).

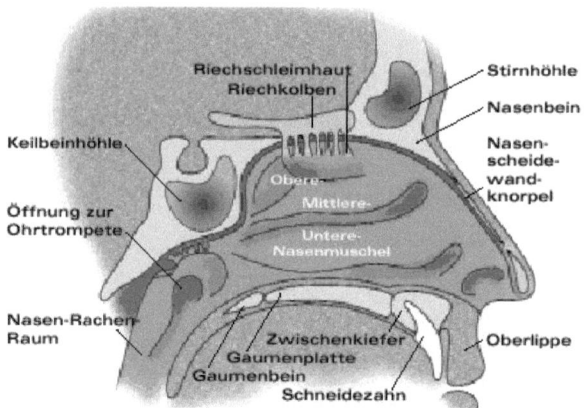

ABBILDUNG 9: LÄNGSSCHNITT DURCH DIE MENSCHLICHE NASE (INTERNET 1)

1.4.2 GESCHMACK

Es werden derzeit 5 Grundgeschmacksarten – süß, bitter, sauer, salzig und umami (der Geschmack von Glutamat (Chaudhari und Kinnamon, 2001; Ikeda, 2002; Ikeda et al., 1995) unterschieden. Bislang ist noch nicht endgültig geklärt, wie viele Grundgeschmacksarten der Mensch in Wirklichkeit wahrnehmen kann.

Jahrzehnte ging man, insbesondere im deutschsprachigen Raum von einer klar gegliederten Zungenlandkarte aus. Demnach würde man auf der Zungenspitze süß schmecken, am Zungengrund bitter und an den vorderen Zungenrändern sauer und salzig. Dies ist allerdings unzutreffend und wird auf eine falsche Interpretation der Abbildungen von David Hanig im Jahre 1901 (Boring, 1942) zurückgeführt. Bereits im Jahre 1974 wurde die Zungenlandkarte durch die Sensorikerin Virginia Collings (Collings, 1974) korrigiert (Abbildung 12).

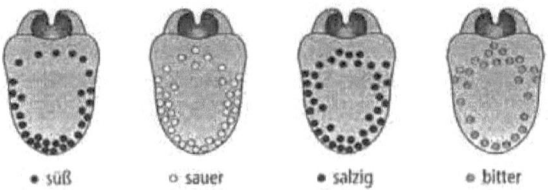

ABBILDUNG 10: ZUNGENLANDKARTE NACH COLLINGS (BIRBAUM UND SCHMIDT 2006)

Die Geschmackswahrnehmung erfolgt über die Geschmackssinneszellen. Sie sind eingebettet in Geschmacksknospen, die sich wiederum in den Schleimhäuten der Geschmackspapillen befinden. Es werden drei Papillenarten (*Papillae fungiformes*, *Papillae vallatae*, *Papillae filiformes*) unterschieden.

1.5 CHEMOMETRIK

1.5.1 ALLGEMEIN

Der Bekanntheitsgrad der Chemometrik ist insbesondere durch den Einsatz der Spektroskopie in der chemischen Analytik beträchtlich gestiegen. Dies resultiert aus den großen, mehrdimensionalen Datenmengen, die hierbei produziert werden. Mit der multivariaten Datenanalyse ist es insbesondere möglich, wesentliche Informationen aus einer großen Menge an Daten herauszuarbeiten, diese Informationen einzusortieren und Zusammenhänge besser beurteilen zu können. Dazu ist Vorwissen über den fachlich-inhaltlichen Sachverhalt unverzichtbar.

Bekanntlich werden mit nahezu allen heutigen analytischen Verfahren und Techniken große experimentelle Datenmengen produziert. Hierzu zählt auch die Gaschromatographie-Olfaktometrie (GC-O). Neben den Daten der gaschromatographischen Trennung werden auch olfaktometrische Daten erzeugt. Bei paralleler Bewertung der analytischen und olfaktometrischen Daten kann festgestellt werden, welche analytisch identifizierten Verbindungen einen Geruchseindruck beim Prüfer erzeugt haben. Allerdings werden auf diese Weise sehr große Datenmengen pro Probe erzeugt. Unter Berücksichtigung der Tatsache, dass jede Analyse durch mehrere Prüfer mehrmals durchgeführt werden muss und nicht nur eine Probe untersucht werden soll, entsteht schnell eine zunächst unübersichtlich anmutende Menge an produzierten Daten. Durch den Einsatz chemometrischer Methoden kann daraus ein Maximum an Informationen extrahiert werden, indem eine Informationsverdichtung oder auch Datenreduktion der Originaldaten vorgenommen wird. Damit können wesentliche von unwesentlichen Informationen unterschieden werden. Erzielt werden kann dies durch das Zusammenfassen von Messwerten mit gleichem Informationsgehalt. Somit können Objekte bezüglich mehrerer Messgrößen in Gruppen eingeteilt werden, und man erhält dabei Informationen über die Hintergründe. Als mathematische Werkzeuge werden bei der Datenevaluation vor allem die Verfahren der Hauptkomponentenanalyse, Clusteranalyse und Multilinearen Regression genutzt. Diese Verfahren werden nachfolgend prinzipiell erläutert, da sie im Rahmen der Arbeit zur Bewertung und Interpretation der erhaltenen Daten eingesetzt wurden.

1.5.2 METHODEN

Die Clusteranalyse ist sehr hilfreich, wenn es zunächst einmal darum geht, grundsätzliche Strukturen in der Datenmatrix zu erkennen, also die Frage zu beantworten, inwieweit eventuell schon Zusammenhänge zwischen den Proben erkennbar sind. Mittels Faktorenanalyse soll ermittelt werden, welche Attribute überhaupt eine Bedeutung haben können um so Datenumfang deutlich verringern zu können. Die Diskriminanzanalyse dient der Überprüfung des mathematischen Modells. Damit kann beurteilt werden, wie wahrscheinlich die richtige Zuordnung von unbekannten Proben zu einer richtigen Klasse ist.

Mit Hilfe der Partial Least Square Regression (PLS) soll abschließend eine Aussage zur statistischen Fehlervorhersage getroffen werden. Die Kombinationen aller statistischen Methoden sollen dann die Antworten auf die analytischen Fragen geben.

Alle Methoden dienen der Komprimierung der Daten auf wesentliche Informationen. Speziell in dieser Arbeit wurden sie genutzt, um die klassische Sensorik mit analytischen Verfahren wie der Gaschromatographie zu verknüpfen, um zu untersuchen, welche Einzelverbindungen für den Gesamtaromaeindruck verantwortlich sind. Dies ist ein Verfahren, das bisher noch nicht für die Untersuchung von Oregano angewendet wurde.

1.5.2.1 CLUSTERANALYSE

Ziel der Clusteranalyse ist es, Objekte aufgrund ihrer Ähnlichkeit bezüglich der gemessenen Variablen, zu Gruppen zusammenzufassen, vereinfachte übersichtlichere Strukturen zu schaffen und somit eine Datenreduktion zu erzielen. Da diese Gruppen a priori unbekannt sind, spricht man von unbewachtem Lernen (unsupervised learning). Ultimatives Ziel ist nach Bestimmung der Gruppen jedoch meist wieder die Klassifikation. Erstes Ziel der Clusteranalyse ist somit die Konstruktion von Gruppen und Zugehörigkeiten.

Die Ähnlichkeit der Beobachtungen wird dabei über ihre Entfernung zueinander bewertet, so dass die Bestimmung der Punkt-zu-Punkt-Distanzen eine zentrale Rolle spielt. Gleichzeitig soll aber zwischen den Clustern der Untersuchung ein maximaler Unterschied bestehen.

Daten-Clustering-Algorithmen können hierarchisch oder partitionierend sein, wobei man erstgenannte noch in agglomerierende (*bottom-up*) oder unterteilende (*top-down*) Algorithmen unterscheidet. Bei den anhäufenden Verfahren (*agglomerative clustering*) werden schrittweise einzelne Objekte zu Clustern und diese zu größeren Gruppen zusammengefasst, während bei den teilenden Verfahren (*divisive clustering*) größere Gruppen schrittweise immer feiner unterteilt werden. Die bei der hierarchischen Clusterung entstehende Baumstruktur wird in der Regel mit einem Dendrogramm visualisiert (Abbildung 13). Beim Anhäufen der Cluster wird zunächst jedes Objekt als ein eigenes Cluster mit einem Element aufgefasst. Nun werden in jedem Schritt die jeweils einander nächsten Cluster zu einem Cluster zusammengefasst. Das Verfahren kann beendet werden, wenn alle Cluster eine bestimmte Distanz zueinander überschreiten oder wenn eine genügend kleine Zahl von Clustern ermittelt worden ist.

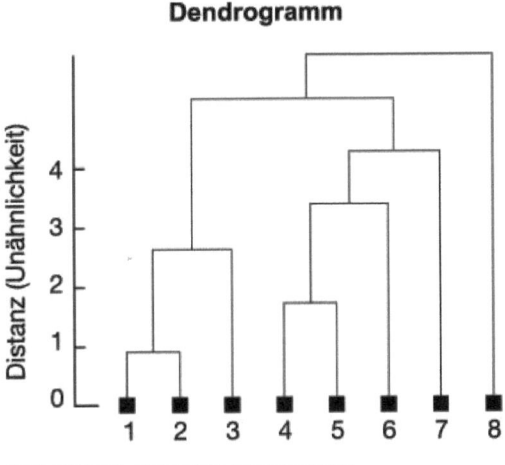

ABBILDUNG 11: DENDROGRAMM (INTERNET 3)

Für die bei der Clusterbildung erfolgende Zuordnung von Objekten mit hoher Ähnlichkeit zu einem Cluster und von Objekten mit geringer Ähnlichkeit (bzw. mit großer Unähnlichkeit) zu unterschiedlichen Clustern wird ein Maß benötigt, das die

Ähnlichkeit von Objekten quantifiziert. Ein Großteil dieser Maße ermittelt genau genommen nicht die Ähnlichkeit, sondern die Unähnlichkeit der untersuchten Objekte. Daher werden diese Maße auch als Distanzmaße bezeichnet. Es existieren verschiedene Distanzfunktionen *d* zur Bestimmung des Abstands zweier Cluster. Standardmäßig wird jedoch häufig die Quadrierte Euklidische Distanz zur Berechnung angewendet. Die Maßzahl für die Unähnlichkeit der beiden Objekte X und Y berechnet sich nach der Quadrierten Euklidischen Distanz als:

$$D^2 = \sum_{i=1}^{v} (X_i - Y_i)^2$$

Dabei gibt *v* die Anzahl der zur Bewertung der Ähnlichkeit berücksichtigten Variablen an. Die Quadrierte Euklidische Distanz errechnet sich damit als Summe der quadrierten Differenzen zwischen den Variablenwerten der beiden betrachteten Objekte.

Die Quadrierte Euklidische Distanz hat mit allen anderen Distanzmaßen, die auf den Differenzen der Variablenwerte basieren, den wesentlichen Nachteil, dass die ermittelte Größe der Distanz erheblich von den Dimensionen abhängt, in denen die Variablen gemessen werden. Diese Problematik ergibt sich vor allem dann, wenn die Variablen in unterschiedlichen Dimensionen (Kilogramm, Euro, Dollar, Zentimeter, Wachstumsraten etc.) gemessen werden, kann aber auch eintreten, wenn allen Variablen die gleiche Dimension zugrunde liegt. Um dem entgegenzuwirken, kann man die Variablenwerte vor der Berechnung der Distanzen standardisieren. Damit werden alle Variablen unabhängig von ihrer ursprünglichen Dimension auf ein einheitliches Niveau angeglichen. Ein sehr gebräuchliches Verfahren zur Standardisierung von Variablen ist die Berechnung von sogenannten Z-Werten. Dabei werden die Werte einer Variablen so transformiert, dass die Variable anschließend einen Mittelwert von 0 und eine Standardabweichung von 1 hat. Hierzu wird von jedem Wert der Stichprobenmittelwert abgezogen. Das Ergebnis wird anschließend durch die Standardabweichung der Stichprobe dividiert. (Die Stichprobe besteht dabei jeweils aus den Werten der zu standardisierenden Variablen bzw. des zu standardisierenden Falles.). Die Verwendung von Z-Werten anstelle der ursprünglichen Variablen ist in einer Clusteranalyse in vielen Fällen sehr hilfreich. Es sei jedoch ausdrücklich darauf hingewiesen, dass auch andere Arten der Transformation verwendet werden können und diese in manchen Fällen gegenüber den Z-Werten vorzuziehen sind. So gehen durch die Berechnung von Z-Werten nicht nur die Unterschiede in den Niveaus der Variablen verloren, sondern auch die absoluten Streuungen der Werte innerhalb einer Variablen. Diese können jedoch wertvolle Informationen enthalten, die möglicherweise die Ergebnisse der Clusteranalyse verbessern würden. Daher sind in einigen Fällen Standardisierungsverfahren vorzuziehen, die lediglich die Niveaus, nicht aber die Streuungen der Variablen angleichen.

Wie bereits beschrieben, können verschiedene Algorithmen zum Daten-Clustering eingesetzt werden. Die Ward-Methode (in dieser Arbeit angewandt) zählt dabei zu den agglomerativen, hierarchischen Verfahren. Mit dieser Methode werden zuerst die Mittelwerte für jede Variable innerhalb der einzelnen Cluster berechnet. Anschließend wird für jeden Fall die Quadrierte Euklidische Distanz zu den Cluster-Mittelwerten berechnet. Diese Distanzen werden für alle Fälle summiert. Bei jedem Schritt sind die beiden zusammengeführten Cluster diejenigen, welche die geringste Zunahme in der Gesamtsumme der quadrierten Distanzen innerhalb der Gruppen ergeben (Ward, 1963).

1.5.2.2 FAKTORENANALYSE

Begründer der Faktorenanalyse ist der Statistiker und Ökonom Harold Hotelling (Hotelling, 1933). Er führte die multivariate Datenanalyse bereits in den 40er Jahren in die Wirtschaftswissenschaften ein. In der Chemie wurde die Faktorenanalyse durch Bruce Kowalski (Sharaf, 1986) und Edmund Malinowski (Malinowski, 2002) etabliert. Ab diesem Zeitpunkt nahm ihre Anwendung stetig zu. Dies lag natürlich vor allem darin begründet, dass immer mehr Wissenschaftler Zugang zu leistungsfähigen Computern bekamen und im Laufe der Zeit auch immer mehr Programme für die Auswertung zur Verfügung standen.

Ziel der Faktorenanalyse ist es, herauszufinden, welche Merkmale wesentlich für die Ergebnisse sind, um den Datenumfang deutlich verringern zu können.

Die Faktorenanalyse berechnet aus den gemessenen Ausgangsdaten, den so genannten Merkmalen oder Variablen, neue latente Variablen, die so genannten Faktoren. Diese Faktoren sind mathematisch betrachtet eine Linearkombination der ursprünglichen Variablen. Das bedeutet, sie setzen sich aus einer linearen Summe der unterschiedlich gewichteten Originalvariablen zusammen. Ziel der

Faktorenanalyse ist es, Zusammenhänge zwischen den Variablen eines Datensatzes herauszustellen. Dieses Modell führt zu einer Dimensionserniedrigung des Originalmerkmalraums, um den wesentlichen Teil des Informationsgehalts der Daten zu extrahieren. Abbildung 14 zeigt eine schematische Darstellung einer Faktorenanalyse. Dabei können die Variablen (graue Linien) zu Faktoren (schwarze Linien) zusammengefasst werden, um den Datenumfang zu verringern, ohne wesentliche Informationen zu verlieren.

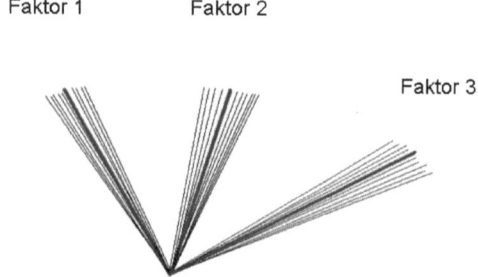

ABBILDUNG 12: DARSTELLUNG EINER FAKTORENANALYSE

Für die Berechnung der Faktoren sind üblicherweise vier Schritte notwendig. Zunächst muss die Datenmatrix X in die Korrelationsmatrix überführt werden, damit sie quadratisch wird. Diese sollte dann auf ihre Eignung durch Prüfung der Normalverteilung untersucht werden. Damit lässt sich feststellen, ob zwischen den Merkmalen tatsächlich ein statistisch gesicherter Zusammenhang besteht. Mit dieser Matrix wird dann die Eigenwertberechnung durchgeführt.

Der zweite Schritt, die Faktorextraktion, wird auch als „Ziehen der Faktoren" bezeichnet. Aufgrund verschiedener statistischer Kennzahlen kann in dieser Stufe entschieden werden, ob das gefundene Faktorenmodell geeignet ist, die vorliegenden Variablen auf Hintergrundfaktoren zurückzuführen. Bei diesem Schritt werden lineare Kombinationen der Variablen gebildet. Jeder Eigenwert und sein dazugehöriger Eigenvektor bilden dann einen Faktor. Als erste Hauptkomponente (= Faktor) wird diejenige ausgewiesen, die den größten Teil der Gesamtstreuung aller Variablen im statistischen Sinne erklärt. Der zweite Faktor ist derjenige, der den zweitgrößten Teil erklärt etc.. Grundsätzlich gilt: Je höher der Eigenwert, desto mehr

Gesamtvarianz wird erklärt, desto wichtiger ist der Faktor, um die Originaldaten zu beschreiben.

Formal können so viele Hauptkomponenten und damit Faktoren berechnet werden, wie in dem Faktorenmodell Variablen enthalten sind. Das erklärte Ziel der Faktorenanalyse ist es aber, die vorhandenen Variablen auf eine geringere Zahl von Faktoren aufzuteilen. Es ist wenig sinnvoll, wenn 8 Variablen auf 8 Faktoren geladen werden. Wenn aber 8 Variablen auf 3 Faktoren geladen werden, liegt bereits eine deutliche Reduktion der Komplexität vor. In der Praxis tritt nun das Problem auf, dass nicht die gesamte Varianz der Variablen durch die extrahierten Faktoren erklärt wird, wenn man deren Zahl einschränkt. Es verbleibt eine Restvarianz, die durch andere, nicht extrahierte Faktoren oder auch durch Messfehler und Zufallseffekte verursacht wird. Dabei gilt: Je mehr Faktoren im Modell extrahiert werden, desto mehr Varianz wird insgesamt durch diese Faktoren erklärt. Der Teil der Gesamtvarianz, den alle extrahierten Faktoren erklären, wird in der Faktorenanalyse als Kommunalität bezeichnet.

Die im zweiten Schritt extrahierten Faktoren sind in der Regel nur sehr schwer oder auch gar nicht zu interpretieren. Um die Ergebnisinterpretation zu erleichtern, werden die Faktoren im dritten Schritt einer speziellen Transformation unterzogen, die als Faktorrotation bezeichnet wird. Der Grundgedanke der Rotation ergibt sich aus der Darstellung der Faktoren im Vektoren-Diagramm. Rotiert man die Koordinatenachsen dieses Diagramms in ihrem Ursprung, lassen sich die Faktorladungen besser auf die Faktoren verteilen. Dabei kann in zwei Rotationsmethoden unterschieden werden: Die orthogonale (rechtwinklige) Rotation und die oblique (schiefwinklige) Rotation. Das wohl gebräuchlichste Verfahren ist die orthogonale *Varimax*-Methode, durch die vor allem die Interpretierbarkeit der Faktoren erhöht wird. Bei der *Varimax*-Methode werden die Achsen so rotiert, dass die Anzahl von Variablen mit hoher Faktorladung minimiert wird. Das Ergebnis jeder Rotation ist eine verbesserte Zuordnung der einzelnen Variablen zu den Faktoren. Dabei verändern sich durch die Rotation sowohl die Faktorladungen als auch die Eigenwerte, nicht aber die Kommunalitäten – die Aussagekraft wird durch die Rotation des Koordinatenkreuzes in keinster Weise verzerrt. Eine Rotation ist daher nicht als Änderung am Modell, sondern lediglich als Nachoptimierung zu verstehen.

Im vierten und letzten Schritt wird ermittelt, welche Werte die untersuchten Variablen hinsichtlich der extrahierten und rotierten Faktoren annehmen. Dies dient der inhaltlichen Interpretation der Faktoren und der Beantwortung von Fragen wie: Welche Variablen sind welchen Faktoren zuzuordnen und wie gut erklären die extrahierten Faktoren die betrachteten Variablen insgesamt? Dabei können Faktorwerte generell positiv oder negativ ausfallen und auch näherungsweise dicht bei Null liegen. Um diese Ergebnisse nun richtig zu interpretieren, ist Vorwissen über den Sachverhalt unverzichtbar. (Brosius, 2002).

1.5.2.3 LINEARE DISKRIMINANZANALYSE

Die Diskriminanzanalyse ist ein multivariates Verfahren zur Analyse von Gruppen- bzw. Klassenunterschieden. Mit dieser Methode ist es möglich, zwei oder mehrere Gruppen unter Berücksichtigung mehrerer Variablen zu untersuchen und anschließend zu ermitteln, wie sich diese Gruppen von einander unterscheiden. Im Unterschied zur Clusteranalyse ist die Diskriminanzanalyse kein exploratives, sondern ein konfirmatorisches Verfahren. Durch die Diskriminanzanalyse werden keine Gruppen gebildet, sondern man geht von einer vorhandenen Gruppierung aus und überprüft die Qualität dieser Gruppierung.

Durch die Diskriminanzanalyse lässt sich analysieren,

- ob die vorliegende, möglicherweise durch Clusteranalyse ermittelte Gruppierung optimal ist oder ob sie verbessert werden kann;
- welche Variablen für die Gruppenbildung besonders geeignet sind bzw. auf welche Variablen sich die Gruppenunterschiede hauptsächlich zurückführen lassen;
- in welche Gruppe ein neues Objekt aufgrund seiner Merkmalsausprägungen einsortiert werden kann.

Die Diskriminanzanalyse ist wie die Clusteranalyse also ein Klassifikationsverfahren und dient der Überprüfung des entwickelten Modells.

Mit Hilfe eines Streuungsdiagramms wird versucht, eine Gruppe nach empirisch festgestellten und entscheidenden Merkmalen vollständig zu trennen. Gesucht wird dabei eine Funktion, welche die Gruppen optimal trennt. Das folgende Beispiel soll dies veranschaulichen.

In Abbildung 15 wurden die Häufigkeitsverteilungen der beiden Gruppen A (Dreiecke) und B (Kreise) jeweils auf die x_1- bzw. x_2-Achse projiziert. Erkennbar sind relativ große Überschneidungsbereiche, d.h. die Werte im Überschneidungsbereich können weder Gruppe A noch Gruppe B definitiv zugeordnet werden. Die Variablen (die Achsen) x_1 und x_2 sind also als Trennfunktionen nicht geeignet. Auch in Abbildung 16 sind für die Funktionen Y* und Y** große Überschneidungsbereiche erkennbar, d.h. unsaubere Trennung der beiden Gruppen. Funktion Y dagegen weist keinerlei Überschneidungsbereich auf, eine Trenngerade kann eingezeichnet werden, die die Gruppen optimal trennt (Abbildung 17). Y ist demnach die gesuchte Diskriminanzfunktion.

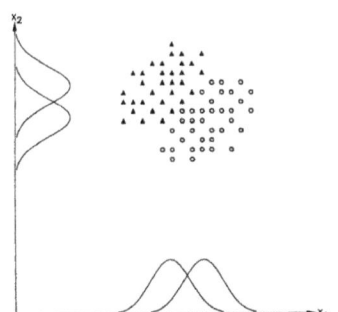

ABBILDUNG 13: TRENNUNG DURCH DIE VERSCHIEDENEN AUSGANGSVARIABLEN x_1 UND x_2 (BAHRENBERG ET AL. 1992)

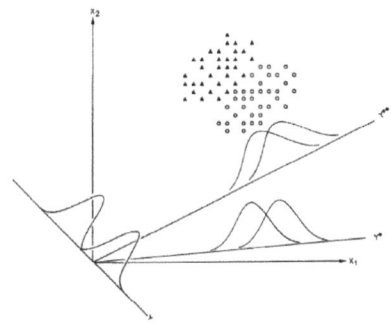

ABBILDUNG 14: TRENNUNG DURCH VERSCHIEDENE DISKRIMINANZACHSEN (BAHRENBERG ET AL. 1992)

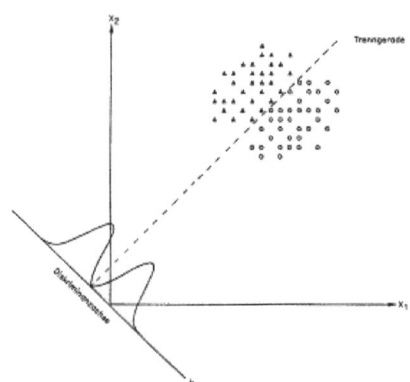

ABBILDUNG 15: TRENNUNG DURCH DIE DISKRIMINANZACHSE (BAHRENBERG ET AL. 1992)

Die Trennung ist umso besser, je kleiner die Streuung (Varianz) innerhalb der Gruppen im Vergleich mit der Streuung (Varianz) zwischen den Gruppen ist. Erst durch die Klassifikation unbekannter Daten kann die Vorhersagegüte und damit der Nutzen des Klassifikationsmodells bewertet werden. Bei der Erstellung eines Klassifikationsmodells unterscheidet man zwischen einer Trainingsphase, in der die Klassifikationsfunktionen berechnet werden und einer Testphase, in der die Klassifikationsfunktionen zur Klassifikation von Objekten dienen.

1.5.2.4 PARTIAL LEAST SQUARE REGRESSION (PLS-REGESSION)

Die Partial Least Square Regression (kurz auch PLS genannt) ist insbesondere in der Spektrometrie inzwischen zur Standardmethode geworden. Hier wird sie vor allem zur Kalibrierung von chemischen oder auch physikalischen Eigenschaften aus Spektren verwendet. Vermehrt wird sie inzwischen auch in der Lebensmittelchemie und hier vor allem in der Sensorik eingesetzt.

Ihren Ursprung hat die PLS in den 70er Jahren und dient der statistischen Fehlervorhersage. Herman Wold begann als Erster mit der Entwicklung eines Algorithmus, um ökonomische Daten auszuwerten (Wold, 1974). Seit Mitte der 80er Jahre häufen sich die Anwendungen der PLS in der Chemie. Vor allem führen die verstärkte Verwendung der NIR-Spektroskopie und die Anwendung der PLS zur Kalibrierung sowie zur Verbreitung dieser Methode. Inzwischen greifen fast alle Wissenschaften zur Auswertung komplexer Datenmengen auf die PLS zurück. So findet sie zunehmend Anwendung bei der Klassifizierung von Genen (Boulesteix, 2005) oder im Marketingbereich zur Datenauswertung (Albers, 2005).

Der wesentliche Unterschied zwischen der PLS-Regression und der Faktorenanalyse liegt darin, dass die PLS bei der Findung der Hauptkomponenten für die X-Daten bereits die Struktur der Y-Daten benutzt. Damit wird häufig erreicht, dass weniger Hauptkomponenten nötig werden und diese außerdem leichter zu interpretieren sind. Es gibt zwei Ansätze der PLS. Der erste einfachere Ansatz bestimmt den Zusammenhang zwischen einer einzigen Zielgröße y und vielen Messgrößen X. Dieser Ansatz wird PLS1 genannt. Es ist aber auch möglich, ein gemeinsames Modell für viele Zielgrößen Y und viele Messgrößen X zu errechnen. Man nennt diese PLS-Methode PLS2.

PLS-Modelle basieren auf den Hauptkomponenten sowohl der unabhängigen Variablen X als auch der abhängigen Variablen Y. Die zentrale Idee besteht darin, für die Matrices X und Y die Hauptkomponenten getrennt zu berechnen und ein

Regressionsmodell zwischen den Scores der Hauptkomponenten (und nicht den Originaldaten) zu erstellen.

Dazu zerlegt man die Matrix **X** in eine Matrix **T** (die "Score"-Matrix) und eine Matrix **P'** (die "Loadings"-Matrix) plus einer Fehlermatrix **E**. Die Matrix **Y** wird in die Matrizen **U** und **Q** und den Fehlerterm **F** zerlegt. Diese zwei Gleichungen nennt man die "äußeren Beziehungen". Das Ziel von PLS ist es, die Norm von **F** zu minimieren und gleichzeitig eine Korrelation zwischen **X** und **Y** zu erhalten, in dem die Matrizen **U** und **T** in Beziehung zueinander gesetzt werden: **U = BT**. Diese Gleichung wird auch die "innere Beziehung" genannt (Abbildung 18).

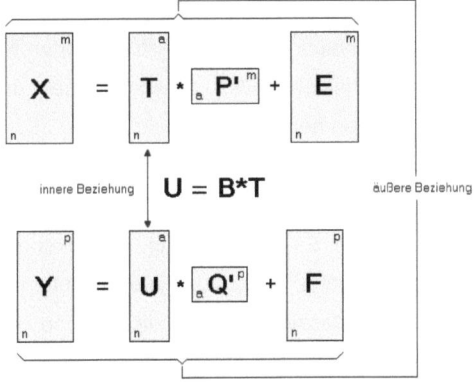

ABBILDUNG 18: SCHEMATISCHE DARSTELLUNG DER PLS UND DEN BETEILIGTEN MATRIZEN (INTERNET 4)

2. ZIELSTELLUNG

Im Rahmen verschiedener Untersuchungen konnten bislang prinzipielle Aussagen zum vorherrschenden Spektrum der ätherischen Öle im Oregano vorgenommen werden (Vokou et al., 1993; Price und Mushrush, 2003; Teuscher, 2003). Es fehlen jedoch für die eingesetzten Oregano-Spezies Aromaprofile, durch welche eindeutig die aromabestimmenden Komponenten identifiziert sind. Bekanntlich sind es oftmals Minorkomponenten der ätherischen Öle, die das typische Aroma der Pflanze bestimmen.

Die Kenntnis über die Zusammensetzung der ätherischen Öle von z.T. sehr unterschiedlichen Oregano-Spezies ist für die Züchtung von Hochleistungssorten für den Einsatz in der Lebensmittelindustrie entscheidend. Dazu werden neben der klassischen Sensorik zunehmend objektive Kriterien benötigt.

Die sensorische Charakterisierung von stark aromatischen Kräutern ist durchaus schwierig. Zum einen können diese auf Grund ihres starken Aromaeindrucks nicht, wie bei Lebensmitteln üblich, pur verkostet werden. Es ist notwendig, eine Methode zur Extraktion der Aromastoffe für die sensorische Verkostung der Kräuter zu entwickeln. Und zum anderen ist es durch klassische Sensorik, welche die Untersuchung von Geruch, Geschmack und retronasalem Geruch beinhaltet, nicht möglich, eine Aussage zu Einzelverbindungen mit Aromaeindruck zu erhalten.

Ziel der vorliegenden Arbeit ist es deshalb, mit der Entwicklung einer Methodik zur Erstellung von Aromaprofilen von Oregano die für das Aroma typischen Verbindungen sowohl sensorisch als auch strukturell zu identifizieren. Damit würden objektive Kriterien für die Züchtung von Hochleistungssorten für den Einsatz in der Lebensmittelindustrie zur Verfügung stehen.

Um diese Zielstellung zu erreichen, soll die zu entwickelnde Methodik - eine Kombination aus klassischer Sensorik, Gaschromatographie-Olfaktometrie, Gaschromatographie-Massenspektrometrie und der Verknüpfung der mit dieser Methode generierten Daten - mittels geeigneter multivariater Statistik zur sensorischen Charakterisierung von Kräutern dienen.

Bekanntlich ist die Gaschromatographie in Verbindung mit Massenspektrometrie und Olfaktometrie derzeit die am Besten geeignete und international auch akzeptierte Methode zur Identifizierung von Aromaprofilen von Heil- und Gewürzpflanzen.

ZIELSTELLUNG

Bei diesen Untersuchungen werden große experimentelle Datenmengen produziert. Für die Verknüpfung der erzeugten analytischen (GC-MS) und sensorischen (GC-O, klassische Sensorik) Daten werden diese mittels chemometrischer Methoden bearbeitet, um ein Maximum an analytischer Information aus diesen zu extrahieren und die Merkmale aus den chromatographischen und sensorischen Untersuchungen zu reduzieren.

Dadurch sollen die retronasalen Eindrücke, die den sensorischen Eindruck prägen, (ermittelt durch klassische Sensorik) strukturell zu einzelnen Verbindungen (ermittelt durch GC-O) zugeordnet und identifiziert (mittels GC-MS) werden.

Dies ermöglicht ein effizientes Screening neuer Sorten u.a. für die Pflanzenzüchtung. Somit ist es möglich, unbekannte Proben klassifizieren zu können. Für die Untersuchungen werden die drei Haupthandelssorten am europäischen Markt ausgewählt. Sie sollen charakterisiert werden, um herauszufinden, wie sich ihr Aromaprofil zusammensetzt und warum gerade diese Sorten hohe Akzeptanz und somit auch großen Absatz erreichen.

3. ORIGINALARBEITEN

Anal Bioanal Chem
DOI 10.1007/s00216-009-3090-4

ORIGINAL PAPER

Chemometric tools for identification of volatile aroma-active compounds in oregano

Anne-Christin Bansleben · Ingo Schellenberg ·
Jürgen W. Einax · Kristin Schaefer · Detlef Ulrich ·
David Bansleben

Received: 16 June 2009 / Revised: 21 August 2009 / Accepted: 21 August 2009
© Springer-Verlag 2009

Abstract One of the purposes of chemical analysis is to find quick and efficient methods to answer complex analytical questions in the life sciences. New analytical methods, in particular, produce a flood of data which are often very badly arranged. An effective way to overcome this problem is to apply chemometric methods. As part of the following investigations, three brands of oregano were analysed to identify their volatile aroma-active compounds. Two techniques were applied—gas chromatography–olfactometry (GC–O) and human sensory evaluation. Aroma-impact compounds could be identified in the main brands of oregano with the aid of chemometric methods (principal-components analysis, hierarchical cluster analysis, linear discriminant analysis, partial least-squares regression). Therefore, it is possible to reduce the analysis of sensory and olfactometry to relevant attributes. This makes classifying new species easier, much faster, and less expensive and is the premise for quick and more economic identification of new potential genotypes for oregano plant breeding. A comprehensive list of oregano key odourants, determined by GC–O and human sensory evaluation using different methods of supervised and unsupervised pattern cognition, has not previously been published.

Keywords Chemometrics ·
Gas chromatography–olfactometry ·
Sensory evaluation · Oregano

Abbreviations
GC–O   Gas chromatograpy–olfactometry
PDMS   Polydimethylsiloxane
SBSE   Stir-bar-sorptive extraction
ODP   Olfactory detector port
TDU   Thermal desorption unit
MS   Mass spectrometry
PTV   Programmed temperature vaporiser
CA   Cluster analysis
FA   Factor analysis
PLS   Partial least-squares regression
NIF   Nasal impact factor
TIC   Total ion current

A.-C. Bansleben (✉) · I. Schellenberg · D. Bansleben
Institute of Bioanalytical Sciences (IBAS), Centre of Life
Sciences, Anhalt University of Applied Sciences,
Strenzfelder Allee 28,
06406 Bernburg, Germany
e-mail: a.bansleben@loel.hs-anhalt.de

J. W. Einax · K. Schaefer
Department of Environmental Analysis, Institute of Inorganic
and Analytical Chemistry, Friedrich Schiller University of Jena,
Lessingstrasse 8,
07743 Jena, Germany

D. Ulrich
Federal Research Centre of Cultivated Plants Julius Kuehn
Institute, Institute of Ecological Chemistry,
Plant Analysis and Stored Product Protection,
Erwin Baur Strasse 27,
06484 Quedlinburg, Germany

Introduction

The subject of this study is investigation of aroma-active compounds in oregano using human sensory evaluation, gas chromatography–olfactomertry (GC–O) and the application of chemometric methods. Oregano is a native plant of the Mediterranean region. It grows abundantly there and has been used for medicinal, culinary, and cosmetic applications for a long time. Nowadays the world market

Published online: 12 September 2009

for oregano is booming—from a once insignificant amount to a consumption volume today of 500,000 tonnes per year, because of multinational consumer preference for Mediterranean-style cooking and innovative cosmetic and health-related products.

Two sensory techniques have been used to investigate the aroma-active compounds in oregano. First, classical human sensory evaluation was used to describe taste, odour and retronasal odour by trained sensory panellists who were able to detect the product features [1]. Second, GC–O was used. This is a sensory technique which is a combination of human perception of odour and chromatographic separation of compounds which offers great opportunities. Applications include the correlation of sensory response with volatile compounds. This is possible because the eluted substances are perceived simultaneously by two detectors, one being the human olfactory system. Consequently, GC–O provides not only instrumental but also a sensorial analysis.

The different kinds of information gathered from GC–O and human sensory evaluations produce a flood of data which are badly arranged. In this context many factors affect the results. First, the sensory data are always subjective; therefore, comparability is complex. Twelve trained persons are selected who have different sensitivity to odorous substances and detection frequencies for these substances. They analyse very different factors, for example odour, taste and retronasal odour of the whole product using human sensory analysis and nasal impact factors of single odorous substances using GC–O. An effective way of combining the results of the different procedures mentioned above (GC–O, human sensory evaluation) and to make them more objective and interpretable is to apply the methods of multivariate statistical data analysis.

Materials and methods

Plant material

Three specimens of air dried, ground oregano—a commonly traded blend (S1), *Origanum onites* (S2), and *Origanum vulgare* subsp. *Hirtum* (S3)—were obtained from Dr Junghanns, Groß Schierstedt, Germany.

Human sensory evaluation

The human senses taste, odour, and retronasal odour were investigated for all specimens (S1–S3). Because of the specific characteristics of the dried oregano, the testing of pronasal odour on the one hand, and taste and retronasal odour on the other hand, was performed using two different specimen preparation techniques. A ground herb specimen of 10 g was measured into a sealed 40-mL glass flask for odour evaluation. The specimens were tested at room temperature. To determine taste and retronasal odour, 1 g per ground specimen was added to 100 g curd by stirring constantly and incubating for 60 min at room temperature. After the allotted waiting period, the aromatic curd was stirred again and pressed through a colander.

In order to develop a suitable oregano profile, a small group of six well-experienced panellists defined typical descriptions of oregano on the basis of odour, taste, retronasal impression, and mouth sensation. The characteristics of the oregano specimens, and reference substances and other herbs (thyme, savory, lemon balm), were defined verbally. After finishing the important theoretical foundation, 12 panelists (three men and nine women aged from 29 to 60) evaluated their standards in another four sessions. All panelists marked their impression of intensity on an even, non-graduated scale (10 cm) and afterwards the results were properly analysed using Fizz Network software (Biosystemes, France). This made it possible to clearly identify specific differences.

Stir-bar-sorptive extraction

PDMS stir bars (1.0 mm × 20 mm) were purchased from Gerstel (Mülheim a.d. Ruhr, Germany). The stir bars, coated with 100% PDMS, were prepared as described elsewhere [2]. For stir-bar-sorptive extraction (SBSE), a stir bar was placed in 20 mL aqueous solution (200 mg ground plant specimen per 20 mL 0.1% NaCl) in a vial for 15 min and agitated at 40 °C.

Gas chromatography–olfactometry (GC–O)

GC–O analyses of the SBSE extract were carried out on an Agilent 6890 GC connected to an olfactory detector port (ODP; Gerstel) with a DB5-MS capillary column (15 m × 0.32 mm I.D.; 0.5 μm). After extraction, the stir bar was inserted into a glass tube (Gerstel), automatically placed in the thermal desorption unit (TDU) and thermally desorbed in the solvent-venting mode using the desorption temperature programme: initial temperature 40 °C, rate 180 min^{-1}, final temperature 240 °C, final time 3 min, transfer temperature 300 °C. The desorbed solutes were cryofocused in the CIS-4 at −80 °C. After stir bar desorption, the PTV inlet was programmed to 280 °C at 12 s^{-1} and held for 5 min. The injection was carried out in solvent-vent mode with the GC–O conditions: oven temperature programme from 60 °C to 250 °C at 9° min^{-1}, transfer line to MSD 270 °C, carrier gas helium, initial flow rate 1.0 mL min^{-1}.

Twelve olfactometry panellists, trained in GC sniffing and odour recognition, sniffed effluent from the GC. The aroma quality of each compound with aroma activity was recorded on an ODP recorder (Gerstel) using MSD Chem Station Software (Agilent Technologies).

Gas chromatography–mass spectrometry (GC–MS)

Conditions for injection and desorption of the SBSE extract were similar to GC–O conditions and carried out on an Agilent 6890 GC connected to a 5973 MSD (mass-selective detector; Agilent; Gerstel) quadrupole mass spectrometer with a DB5-MS capillary column (15 m×0.32 mm I.D.; 0.5 μm). MS conditions were: oven temperature programme from 60 to 250 °C at $10°$ min^{-1}, transfer line to MSD 250 °C, detector temperature 250 °C, carrier gas helium, flow rate 1.0 mL min^{-1}, ionisation EI (70 eV), acquisition conditions: scanned m/z 35–300 at 5.27 scans s^{-1}.

Compounds were identified by use of alkane linear retention indices (C_8 to C_{25}) and confirmed by injecting authentic standards. 1-octen-3ol, eucalyptol, γ-terpinene, p-cymene, α-terpinene, terpinolene, linalool, (−)-borneol, α-terpineol, thymol, carvacrol, eugenol, β-caryophyllene, α-humulene, caryophyllene oxide (Carl Roth, Karlsruhe, Germany) were used in concentrations of 1 mg/10 mL n-hexane as authentic reference standards. Library mass spectra were also used, by comparing retention times and mass spectra with retention times and mass spectra of the database "Terpenoids and Related Compounds in Essential Oils" (Dr Hochmuth Scientific Consulting, Hamburg, Germany) with the help of MassFinder software 2.3 (Dr Hochmuth Scientific Consulting). They were also compared with our own mass spectra from reference substances and with literature MS data [3, 4] and the NIST database [5].

Chemometric methods

The objective was to find out which compounds in oregano have an aroma impact. Using classic human sensory evaluation it is possible to ascertain smell, taste, and retro-nasal perception. Aroma-active compounds can be identified using GC–O. Interest now lay in combining both methods in order to determine correlations and to identify the significant aroma-active compounds. Chemometrics is a means of selective analysis of large amounts of data by various methods. Various chemometric procedures were used in order to find answers to all of the questions. Cluster analysis is extremely helpful for recognising basic structures in the data matrix. Possible correlations between the samples may already be recognisable. Following this, factor analysis is used in order to find out which attributes, if any, could be significant for aroma activity. With factor analysis, the volume of data can be reduced substantially and the significant attributes can be highlighted. Discriminant analysis serves to check mathematical models—in other words, how probable is the correct assignment of unknown samples to the right class. By means of partial least-squares (PLS) regression, conclusions can be made on prediction of statistical error. Combining all of the statistical methods should then answer the analytical questions.

Data pre-treatment

In order to find structures in a data set or to reveal similarities of different specimens (so-called objects, characterised by different features, i.e. measured properties), the features need to be comparable. The most common possibility is autoscaling. This means that the data are related to measures of their own distribution, namely the mean, $\bar{x}$, and the standard deviation, s, of a verified normal distribution. This is achieved by subtracting the mean of each feature j from each individual value $\bar{x}_{ij}(i=1, \ldots, n)$ and dividing by s_j of the respective feature j ($j=1, \ldots, m$):

$$z_{ij} = \frac{x_{ij} - \bar{x}_j}{s_j}$$

Twelve panellists had to describe 23 features of three specimens. This resulted in a data matrix of 23 features for each specimen which meant there were 36 objects for analysis. But every panellist weighted each specimen differently. Therefore the standardisation could not be performed in one way for all data. Data had to be separately standardized for each panellist for all three specimens.

Hierarchical cluster analysis

Cluster analysis (CA) comprises an array of methods which are primarily useful for finding and making visible structures within observed and given data. Cluster analysis is an unsupervised learning pattern recognition method.

After selecting a similarity measure, one has to decide which cluster algorithm (strategy) may be appropriate. Two main types of cluster algorithms can be distinguished— hierarchical and non-hierarchical techniques. In this case the hierarchical agglomerative cluster analysis according to WARD was chosen. In an agglomerative process, the principal objective is to cluster similar objects, to add objects to existing clusters or to join similar clusters. The typical output of hierarchical cluster methods is a dendrogram, a tree-like diagram which is very useful for analysing the clustering process.

Factor analysis

Factor analysis (FA) is aimed at finding and interpreting hidden complex and, possibly, causally determined relationships between features in a data set. Correlating features are converted to the factors which are themselves non-correlated.

The central point of such analysis is to reduce the original (m, n) data matrix X with m features and n objects. The matrix of all measured values X can be divided into the product of a matrix of factor loadings A, a matrix of factor scores F, and a matrix of residuals Q, according to the equation:

$$X_{(m,n)} = A_{(m,s)} F_{(s,n)} + Q_{(m,n)}$$

s number of factors

There are usually four basic calculation steps in factor analysis. First, the correlation matrix for all variables is calculated, then the factor extraction, an eigenvalue analysis, is performed. The third step, rotation, focuses on transforming the factors to make them more interpretable. Finally, factor scores for each object can be calculated. More details are available in the literature [6, 7].

The objective of FA is to project objects from a high-dimensional feature space on to a space defined by a few factors; the latter can also be used as a method for graphical representation of multidimensional data. Factor analysis with varimax rotation was used in the following examples.

Classification using linear discriminant analysis

Discriminant analysis is a multivariate statistical technique used to investigate the group membership of newly predicted objects [8]. By simultaneously considering all observed features, the variance between the classes is maximized and that which is within the classes is minimized. The classification of new objects into groups or the reclassification of the learning data set is carried out by means of the values of non-elementary discriminant functions which are calculated as a linear combination of an optimum separation set of the original features.

Partial least-squares regression

Partial least-squares (PLS) regression [9] is a generalised method of least-squares regression. This means that it is a multivariate regression method with latent variables for characterising relationships between two data matrices X and Y [10]. Both matrices are decomposed into a matrix of latent vectors and a loading matrix plus a residual matrix based on a maximum covariance between the latent variables T and U.

Matrix decomposition:

$$X_{np} = TW + E_x$$

$$Y_{nq} = UQ + E_Y$$

Maximum covariance between T and U

$$U = BT + E_U$$

B regression parameter
W and Q partial loadings

The number of vector pairs can be determined using cross-validation for error minimization.

Results and discussion

Identification of aroma-active compounds by use of GC–O and GC–MS

Performance evaluation of the GC–O method

To assess the statistical performance, three volatile standards (linalool, carvacrol, and β-caryophyllene) with different molecular weights and octanol–water partitioning coefficients ($K_{O:W}$) were selected. The precision of the experimental procedures was evaluated by calculating a series of six analyses for each volatile standard. RSD (%) over six determinations ranged from 4.37% for 1-octen-3ol to 5.38% for linalool and 6.16% for β-caryophyllene. The recovery of the methods was studied using a herb sample spiked with defined quantities of volatile standards. The recoveries ranged from 76.18% (linalool) to 86.06% (β-caryophyllene) and 86.23% (1-octen-3ol).

Identification and description of aroma active substances using GC–O

Thirty-five integratable FID peaks were observed in chromatograms of oregano specimens. The same specimens produced twenty-six aroma peaks in the corresponding aromagrams. Their descriptors are summarised in Table 1. Twenty-two aroma compounds were identified. Nine were terpenes, ten were terpene alcohols, and three were esters.

Compounds with the highest NIF values were 1-octen-3ol, ρ-cymene, linalool, carvacrol, thymol hydroquinone, dihydrocarvyl acetate, and one unknown compound (retention time 17.40 min). They are indicated in bold. These contributed mushroom, spicy, herbal, menthol, floral, sweet, oregano-like, and fresh notes. Nine terpenes were found to have aroma activity: α-terpinene, ρ-cymene, terpinolene, thymol methyl ether, and the sesquiterpenes β-caryophyllene, α-humulene, β-bisabolene, caryophyllene oxide, and allo-aromadrene. As a group, they produce a relatively low intensity musty, spicy, green, and herbal aroma.

Carvacrol is the overwhelmingly largest component of the aroma active extract (between 76 and 82% of the total

Chemometric tools for identification of volatile aroma-active compounds in oregano

Table 1 Compounds identified by GC–O, their descriptors, and NIF values (%)

No.	Compound	Descriptors	Retention times (min.)	NIF values (%)		
				S1	S2	S3
1	Methyl 2-methylbutanoate	Green, spice	3.72	25	17	17
2	1-Octen-3-ol	Mushroom	5.00	58	17	50
3	α-Terpinene	Mushroom, mouldy	5.57	17	8	25
4	p-Cymene	Spice, menthol, herb	5.70	42	8	8
5	Eucalyptol	Eucalyptus, minty	5.82	17	25	25
6	Terpinolene	Mushroom, earthy, woody	6.31	33	8	8
7	Linalool	Flowery, sweet	6.64	42	33	42
8	Borneol	Spice, camphor	7.76	8	33	25
9	Terpinen-4-ol	Spice	7.85	17	25	8
10	α-Terpineol	Sweet, spice, terpene	8.05	8	8	8
11	Thymol methyl ether	Earthy	8.72	8	8	33
12	Carvacrol	Spice, oregano	9.62	42	33	33
13	Thymol acetate	Savory, spice, minty, lemon	9.98	8	8	33
14	Eugenol	Spice	10.29	33	0	8
15	Dihydroeugenol	Spice, clove	11.03	0	8	33
16	β-Caryophyllene	Sweet, spice, hay	11.16	8	33	0
17	α-Humulene	Sweet, spice, oregano	11.89	25	17	8
18	β-Bisabolene	Sweet, herb, chemical	11.95	8	33	8
19	Thymol hydroquinone	Herbaceous, oregano	12.46	8	42	0
20	Caryophyllene oxide	Herb, spice, woody	12.97	25	25	8
21	allo-Aromadendrene	Spice, herb, oregano	13.54	0	17	33
22	Unknown	Herbaceous, clove	14.70	8	33	25
23	Dihydrocarvyl acetate	Minty, fresh	17.20	17	33	42
24	Unknown	Fresh, sweet	17.40	17	42	17
25	Unknown	Herbaceous, menthol	18.50	8	25	8
26	Unknown	Herbaceous, spice	19.00	8	0	8

peak area shown in Table 2). A high NIF value of 42% was associated with it for specimen 1 (S1) only (Table 1).

The terpene alcohols 1-octen-3ol, eucalyptol, linalool, borneol, terpinen-4-ol, α-terpineol, carvacrol, eugenol, dihydroeugenol, and thymol hydroquinone added fruity, minty, fresh, floral, herbal and, mushroom aromas.

Also present in the aroma-active extract of oregano specimens were the ester methyl 2-methylbutanoate, thymol acetate, and dihydrocarvyl acetate with green, minty, lemony, lemon balm, fresh, and sweet aromas.

Identification of oregano compounds using GC–MS

Thirty-five compounds were detected using GC–MS with a DB-5 column. All have been identified (Table 2) using the combination of alkane linear retention indices (C_8 to C_{25}) [11] and confirmed by injecting authentic standards and mass spectral matching against library standards. Fifteen terpenes, five sesquiterpenes, eleven terpene alcohols, one aldehyde, and three esters were identified by GC–MS. Most of these had been previously reported in oregano species (Table 2). Five compounds had not been previously reported in oregano. These are: methyl 2-methylbutanoate, thymol acetate, dihydroeugenol, thymohydroquinone, and dihydrocarvyl acetate. Almost 75% of the components identified by GC–MS are terpenes, sesquiterpenes, or terpene alcohols and they account for over 98% of the total FID peak area. Carvacrol was by far the major terpene in all cases.

Seventy-four percent of the volatiles identified in oregano specimens by use of GC–MS (26 of 35) (Table 2) had aroma activity. The 26 compounds identified by GC–MS that did have aroma activity are indicated by use of bold font. Conversely, some volatiles with high aroma activity which have not yet been identified produced no detectable TIC peak, most likely because of their low concentration.

Results of human sensory analysis

The objective was to ascertain if there are any differences between samples of the conventional brands of oregano,

Table 2 Percentage composition of volatile compounds of S1, S2, and S3

No.	Compound	Retention time (min)	FID area% S1	FID area% S2	FID area% S3	Previously reported
1	Methyl 2-methylbutanoate	3.72	0.002	0.002	0.005	
2	α-Thujene	4.37	0.097	0.019	0.038	[12, 13]
3	α-Pinene	4.49	0.1	0.006	0.014	[12–15]
4	Camphene	4.73	0.06	0.006	0.009	[12–15]
5	Benzaldehyde	4.88	0.002	0.041	0.044	[16]
6	1-Octen-3ol	5.00	0.483	0.105	0.234	[12, 15, 16]
7	Sabinene	5.07	0.238	0.019	0.107	[12–15, 17]
8	β-Pinene	5.12	0.139	0.015	0.031	[13–15]
9	α-Phellandrene	5.22	0.018	0.031	0.055	[12, 15]
10	δ-3-Carene	5.47	0.024	0.012	0.014	[12]
11	α-Terpinene	5.57	0.15	0.036	0.042	[12, 15, 18]
12	p-Cymene	5.7	4.438	0.711	2.443	[12, 15, 17, 22]
13	Eucalyptol	5.82	0.11	0.122	0.055	[15, 17]
14	γ-Terpinene	6.11	0.707	0.041	0.025	[12–15, 17–19, 22]
15	Terpinolene	6.31	0.407	0.287	0.211	[12–15]
16	Linalool	6.64	0.284	1.314	0.21	[13–15]
17	trans-Sabinene hydrate	6.75	0.147	0.156	0.15	[12, 13, 15]
18	Borneol	7.76	0.312	0.845	0.253	[12–15, 22]
19	Terpinen-4-ol	7.85	0.539	0.615	0.676	[12, 15, 17]
20	α-Terpineol	8.05	0.009	0.25	0.145	[13–15]
21	trans-Dihydrocarvone	8.53	0.578	0.041	t	[12]
22	Thymol methyl ether	8.72	0.197	1.119	0.186	[13]
23	Thymoquinone	8.94	2.965	14.043	0.067	[12, 16]
24	Thymol	9.23	7.447	1.806	10.951	[12–18, 22]
25	Carvacrol	9.62	78.271	76.008	82.656	[12–22]
26	Thymol acetate	9.98	0.046	0.104	0.03	
27	Eugenol	10.29	0.123	0.1	0.078	[16]
28	Dihydroeugenol	11.03	0.074	0.036	0.047	–
29	β-Caryophyllene	11.16	0.192	0.27	0.394	[12, 14, 15, 17]
30	α-Humulene	11.89	0.057	0.045	0.02	[12, 13, 15]
31	β-Bisabolene	11.95	0.052	0.067	0.038	[12, 13, 15, 21]
32	Thymohydroquinone	12.46	0.869	1.065	0.23	–
33	Spathulenole	12.88	0.087	0.154	0.049	[12, 13, 15]
34	Caryophyllene oxide	12.97	0.292	0.191	0.141	[12, 13, 15]
35	allo-Aromadendrene	13.54	0.058	0.079	0.039	[12, 13, 15]
36	Unknown	14.70	t	t	t	–
37	Dihydrocarvyl acetate	17.20	t	t	t	–
38	Unknown	17.40	t	t	t	–
39	Unknown	18.50	t	t	t	–
40	Unknown	19.00	t	t	t	–

t, trace

which are the determining factors, and furthermore why some samples are preferred to others. Evaluating the results from human sensory analysis revealed popularity differences between the three specimens. S2 was considered most popular followed by S1, and S3 was the least popular (data not shown here). But these findings are not significant. They can be interpreted only as tendencies. However, the same results could be shown with the second method—developing an oregano profile. Therefore, the data were standardized and divided into positive, negative, and indifferent attributes. In summarizing these results, it can be concluded that the samples are very dissimilar. S2, which was considered most popular, elicited quite positive impressions such as a lemony/lemony balm odour and retronasal odour and did not elicit strong impressions of tobacco (odour), mouldy (retronasal odour), and hot mouth sensation. Impressions of S1 and S3 were primarily negative (hay, bitter, mouldy, pungent, astringent mouth sensation) and indifferent (savory, tobacco).

The positive evaluation of S2 corresponds to current consumer acceptance, because the global sales volume of this sample is about 4,000 tonnes whereas S1 and S3 only reach 100 tonnes and 500 tonnes, respectively. The main producer and distributor of S2 is Turkey.

Results of chemometric analysis

Cluster analysis

By applying hierarchical cluster analysis it could be shown that 36 objects could be grouped into two clusters (Fig. 1) whereby cluster 1 simply consists of specimen 2 and cluster 2 consists of specimen 1 and specimen 3. These results verify that there is a proven difference concerning human sensory analysis between specimen 2 on the one hand and specimens 1 and 3 on the other hand.

One must look at the raw data to explain why some objects were assigned to another cluster. This reveals that the object (2-9) that was assigned to cluster 2 by the tester received a higher weighting for the smell of savory in comparison with that from all the other testers. This may have led to the object being assigned more readily to cluster 2. This cluster mostly contains samples which are characterised by the savory aroma.

The more frequent assignment of objects from classes 3 and 1 to cluster 1 cannot be completely explained in all cases. The objects of class 3 (3–11, 3–4, and 3–5) differ in some attributes from those of other objects of this class. For example three testers described their retro-nasal description as more intensively "lemony/lemon balmy" than other testers did. Additionally, an object (3–5) was evaluated as more strongly astringent and less "tobacco-y" by a tester than by other testers. All of these interpretations are very difficult because of the testers' subjective perceptions. Further assertions would possibly be too speculative.

Factor analysis

Factor analysis was used to identify features which affect the aroma impression during human sensory investigation. Eight of the related factors have an eigenvalue >1 and already explain 76% of the variance in the 23-dimensional feature space (Table 3). In order to merge the extensive amount of data information even more efficiently, data material was reduced to factors with a high decrease in eigenvalues. For three factors, the cumulative variance of 43% was calculated using the varimax rotation method. It is still sufficient to explain the 23-dimensional space.

Therefore, the related factor loadings for those three factors were calculated afterwards whereby features with a factor loading higher than 0.6 (Table 4) have an impact on the aroma impression. Amazingly, "odour typical of oregano" is not important for the first factor. Features with

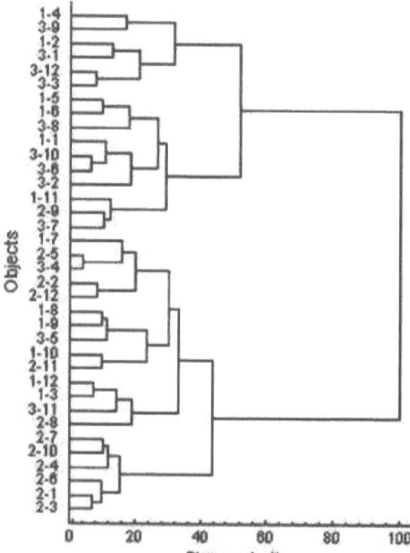

Fig. 1 A dendrogram produced by applying hierarchical cluster analysis to the sensory impressions obtained by twelve panellist for all three specimens; objects: specimen - panellist

Table 3 Eigenvalues and variances of factor analysis detected by human sensory evaluation

Factor	Eigenvalue	Variance (%)	Cumulative variance (%)
1	4.960939	21.56930	21.56930
2	2.549616	11.08529	32.65459
3	2.441969	10.61726	46.27184
4	1.941123	8.43966	51.71151
5	1.715338	7.45799	59.16950
6	1.414161	6.14852	65.31802
7	1.292105	5.61785	70.93587
8	1.194359	5.19287	76.12874

ORIGINALARBEITEN

Table 4 Factor loadings of attributes determined by human sensory analysts

Feature	Factor 1	Factor 2	Factor 3	h_i^2
Odour typical of oregano		0.678		0.465
Lemony/lemony balm odour	−0.731			0.572
Thyme odour		0.770		0.660
Savory odour	0.676			0.537
Hay odour	0.624			0.713
Sour taste			0.623	0.412
Lemony/lemony balm retro-nasal	−0.863			0.784
Tobacco retro-nasal	0.767			0.727
Savory retro-nasal	0.601			0.490
Pungent retro-nasal			0.681	0.592
Hot mouth sensation			0.751	0.591

h_i^2 is communality

an impact are "savory odour", "hay odour", "tobacco retronasal", "savory retronasal", "lemony/lemony balm odour", and "lemony/lemony balm retronasal". The savory hay and tobacco impressions and the fresh and lemony impressions are significant. Regarding the second factor, "typically oregano" and "thyme odour" became important for the aroma. However in the third factor, the curd taste (sour) is dominant. The oregano impressions no longer have any influence on the aroma. These results prove that it is justified to reduce the number of factors to three. In addition to the sour taste, the mouth sensation ("hot") and the retronasal impression pungent also have an impact. But all other features have no influence on the aroma impression in human sensory analysis for these oregano specimens. Interestingly the most retronasal impressions like "typically oregano", "thyme", "hay", "fruity" and "mouldy" have no impact.

Linear discriminant analysis

The discriminant analysis was calculated including all of the features and the three different classes. In order to reduce the number of features which separate these three specimens completely, the stepwise forward strategy was used. The three specimens could be separated 100% by combination of the features: lemony/lemony balm odour, tobacco odour, sweet taste, sour taste, bitter taste, hay retronasal, fruity retronasal, and pungent retronasal. These results are illustrated in Fig. 2.

Partial least-squares regression

Partial least-squares regression was used to predict the right class of specimen (**X** matrix) with the help of all features determined by human sensory analysis (**Y** matrix). The result of the cross validation for specimen 2 is illustrated in Fig. 3. The distribution for specimen 2 (class 1) with the mean 0.8 and the distribution for specimen 1 and 3 (class 2)

with the mean 0.09 are shown. The error of the first kind for specimen 2 is about 11% and the error of the second kind is about 4%. It is unlikely to predict specimens of class 2 (specimens 1 or 3) to class 1 (specimen 2). In comparison to class 1, the errors of the first and second kind for class 2 are $\alpha=4\%$ and $\beta=11\%$. These results are given for the other two specimens in Table 5. The best results to predict the right class for a specimen could be achieved for specimen 2. The reason for this is the different odour and retronasal odour of specimen 2 in comparison with specimen 1 and specimen 3. Specimen 2 is characterised by a lemony and fresh impression. In contrast with specimens 1 and 3 with more thyme, bitter, hay and pungent impressions.

Chemometrics of GC–O data

Applying factor analysis to the data to identify aroma active substances using GC–O results in two factors. The first factor separates specimen 1 (positive factor loadings) from

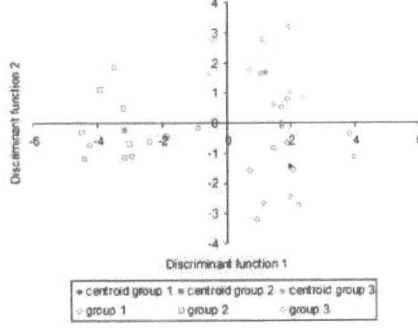

Fig. 2 Linear discriminant analysis

ORIGINALARBEITEN

Chemometric tools for identification of volatile aroma-active compounds in oregano

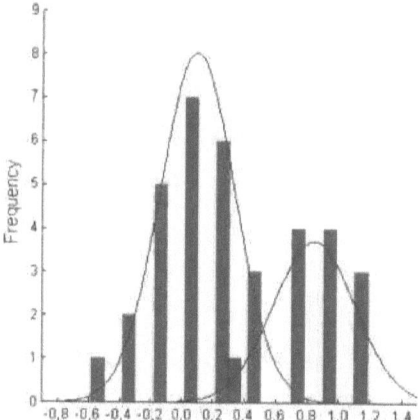

Fig. 3 Results of cross validation by applying partial-least-squares regression to specimen 2

specimen 2 (negative factor loadings) and factor two separates specimen 3 from specimens 1 and 2 (Table 6). Figure 4 visually depicts the excellent separation of all three specimens.

The typical oregano compounds (e.g. p-cymene, carvacrol) are very important for the impression of the aroma profile of specimen 1. They have not only high factor loadings for factor 1 which is revealed by factor analysis (Table 6), but also the highest impression by human sensory analysis for "odour typical of oregano".

Specimen 3 has high factor loadings of thymol and terpinene compounds and their derivatives (Table 6; factor two). These chemometric findings correspond very well to human sensory analysis. Savory and thyme are typical impressions for specimen 3, and thymol and terpinene compounds and their derivatives are the main volatile compounds in these plants.

Using factor analysis for analysing specimen 2, e.g. eucalyptol and β-bisabolene are substances with high factor loadings (Table 6; factor one). These compounds have a fresh and sweet aroma impression. And this is exactly the characterization of specimen 2 in human sensory analysis.

Table 5 Prediction of partial least-squares regression

	α error	β error
Specimen 1	43.60%	18.90%
Specimen 2	10.80%	3.90%
Specimen 3	26.40%	17.10%

Table 6 Factor loadings of volatile aroma-active compounds determined by GC-O

Compound	Factor 1	Factor 2
Methyl 2-methylbutanoate	0.867	
1-Octen-3ol	0.945	
α-Terpinene		0.866
p-Cymene	0.866	
Eucalyptol	−0.866	
Terpinolene	0.866	
Linalool	0.866	
Borneol	−0.982	
α-Terpineol		−0.866
Thymol methyl ether		1.000
Carvacrol	0.866	
Thymol acetate		1.000
Eugenol	0.961	
Dihydroeugenol		0.971
α-Humulene		−0.866
β-Bisabolene	−0.866	
Caryophyllene oxide		−1.000
allo-Aromadendrene		0.866
Unknown (RT 14.70)	−0.982	
Unknown (RT 17.40)	−0.866	
Unknown (RT 18.50)	−0.866	
Unknown (RT 19.00)	0.866	

Concluding remarks

The following can be concluded:

- There is a good agreement between chemometric results of human sensory analysis and the results of GC-O analysis.
- The reason for separating the samples into two classes or rather clusters is the lemony, fruity, and mild aroma of *Origanum onites* (S2).

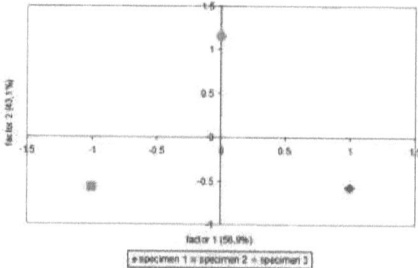

Fig. 4 Graphical visualisation of factor analysis; projection of compounds on the plane defined by factor 1 and factor 2

- Aroma-impact compounds of S2 are eucalyptol, borneol, β-bisabolene, and three currently unknown compounds.
- The subjective results of human sensory and olfactometry analysis could be strongly verified by use of chemometric analysis.
- It is now possible to reduce the analysis of sensory and olfactometry to relevant attributes.
- Classification of new species is better and much faster.
- All of this is the premise for quickly identifying new potential genotypes for plant breeding.

References

1. Meilgaard M, Civille GV, Carr BT (1999) Sens Eval Technol:123-133, CRC Press, Inc., Boca Raton, FL
2. Baltussen E, Sandra P, David F, Cramers C (1999) J Microcolumn Sep 11(10):737-747
3. Blum C (1999) Thesis. University of Hamburg, Hamburg
4. Adams RP (1995) Identification of essential oil components by gas chromatography/ mass spectrometry. Allured Publishing Corporation Carol Stream, Illinois
5. NIST 2002 (US National Institute of Standards and Technology. Washington, D.C.), Adams (Allured Publishing, Carol Stream IL), 6th edn, Wiley, New York
6. Weber F (1986) Grundriß der biologischen Statistik, 9th edn. Fischer, Jena
7. Malinowski ER (1992) J Chemometr 6:29-40
8. Lachenbruch PA (1975) Discriminant analysis. Hafner Press, London
9. Wold S, Ruhe A, Wold H, Dunn WJ (1984) J Sci Stat Comput 5:735
10. Einax JW, Aulinger A, von Tümpling W, Prange A (1999) Fresenius J Anal Chem 363:655-661
11. Van den Dool H, Kratz PD (1963) J Chromatogr 11:463-471
12. Azizi A, Yan F, Honermeier B (2009) Ind Crop Prod 29:554-561
13. Loizzo M, Manichini F, Conforti F, Tundis R, Bonesi M, Saab AM, Statti GA, de Cindio B, Houghton PJ, Manichini F, Frega NG (2009) Food Chem (in press)
14. Pasquier B (1996) In: Padulosi S (ed) Oregano. Rome (Italy)
15. Bernáth J (1996) In: Padulosi S (ed) Oregano. Rome (Italy)
16. Milos M, Mastelic J, Jerkovic I (2000) Food Chem 71:79-83
17. De Mastro G (1996) In: Padulosi S (ed) Oregano. Rome (Italy)
18. Leto C, Salamone A (1996) In: Padulosi S (ed) Oregano. Rome (Italy)
19. Pino JA, Borges P, Roncal E (1993) Alimentaria 244:105-107
20. Arnold N, Bellomaria B, Valentini G, Arnold HJ (1993) J Essential Oil Res 5:71-77
21. Ruberto G, Biondi D, Meli R, Piattelli M (1993) Flavour Fragrance J 4:197-200
22. Vokou D, Kokkini S, Bessiere JM (1988) Econ Bot 42:407-412

ORIGINALARBEITEN

Research Article

Flavour and
Fragrance Journal

Received: 13 October 2009; Revised: 1 February 2010; Accepted: 20 April 2010; Published online in Wiley InterScience

(www.interscience.wiley.com) DOI 10.1002/ffj.1997

A new and efficient sensory method for a comprehensive assessment of the sensory quality of dried aroma-intensive herbs using oregano as a reference plant

Anne-Christin Bansleben,[a]* Ingo Schellenberg,[a] Detlef Ulrich[b] and David Bansleben[a]

ABSTRACT: Today the world market for oregano has exploded, from a once insignificant amount to a consumption volume of 500 000 tonnes/year. This is due to consumers' change in preference for Mediterranean-style cooking and innovative cosmetic- and health-related products. Since there are currently only three genotypes on the European food market, the diversity of human taste requires the breeding of new and sensorily interesting varieties. When investigating the profiles, it is necessary to establish methods suitable for characterizing the odour, taste and even retronasal odour of strong aromatic herbs. This paper is able to fulfil these requirements. In summary, these results found the tested specimens – a commonly traded blend, *Origanum onites*, *Origanum vulgare* subsp. *hirtum* and a blend of all three specimens – to be very dissimilar. The analysis results in a reduction in the number of relevant attributes for sensory testing and the establishment of an oregano profile with high marketing potential. Copyright © 2010 John Wiley & Sons, Ltd.

Keywords: *Origanum onites*; *Origanum vulgare* subsp. *hirtum*; retronasal odour; sensory analysis; taste

Introduction

In the past, wild oregano was traditionally gathered in Mediterranean countries and in Mexico in order to refine regional dishes, such as tomato-based sauces, lamb, seafood, chilli peppers and almost every garlic-flavoured dish. The rest of the world discovered oregano after World War II, with the expansion of pizza consumption and Mediterranean cooking in general. Today, oregano is well known all over the world and used especially with cooked vegetables, meat, pizza and as an ingredient in chilli powder.

Recently the world market for oregano has exploded from a once-insignificant amount to a consumption volume of over 500 000 tonnes.[1] Turkey dominates the production and trade, followed by Mexico, Greece and other Mediterranean countries. This explosion in the world market is illustrated in the following example. The per capita consumption in the USA increased about 3800% between 1940 and 1985.[1] With higher market demands, the import rates increased and the annual quantity imported into the USA since 1995 is about 6000 tonnes.[2] The European Union imported more than 1000 tonnes of oregano in 1999.[3] Japan and other Asian countries, such as Korea, Thailand, Singapore, Malaysia and the Philippines, are beginning to show interest in oregano, due to their change in preference for Western-style foods.

This large demand, as well as the diversity of human taste and preference, now requires new and sensorily interesting varieties to be bred. The available raw material has been categorized using the letswaart system[4] since 1980 and since that time, five more species and one more hybrid have been recognized, raising the total number of species to 43 and the number of hybrids to 18 for six subspecies.[5–8] These oregano genotypes are morphologically and chemically diverse and develop different kinds of aroma impressions, such as pungent, aromatic, spicy, bitter, sweet and minty.[9]

No method or sensory profile has yet been published which is suitable in establishing a convenient method for assessing quality in the full sensory spectrum for pronasal and retronasal smell, taste and mouth sensation. The quality of dried oregano is commonly determined on the basis of the essential oil content and/or composition. As for other spices,[10–13] sensory tests are limited to an odour evaluation and comparison. Tasting the pure dried herb directly is impossible because of the extremely high aroma impact and matrix effects. Because of the essential oils in the plant, until now the aroma of strong aromatic plants such as oregano could only be evaluated by adding it to cooked food and tasting this food, or by smelling the herb or the extracts produced from it.[14–16] It was not possible to obtain an overall impression of the dried oregano plant, since this is determined through smell, taste and retro-nasal odour.

---

* Correspondence to: A.-C. Bansleben, Anhalt University of Applied Sciences, Centre of Life Sciences, Institute of Bioanalytical Sciences (IBAS), Strenzfelder Allee 28, 06406 Bernburg, Germany. E-mail: a.bansleben@loel.hs-anhalt.de

[a] Anhalt University of Applied Sciences, Centre of Life Sciences, Institute of Bioanalytical Sciences (IBAS), Strenzfelder Allee 28, 06406 Bernburg, Germany

[b] Federal Research Centre for Cultivated Plants, Julius Kuehn-Institute, Institute for Ecological Chemistry, Plant Analysis and Stored Products Protection, Erwin-Baur-Strasse 27, 06484 Quedlinburg, Germany

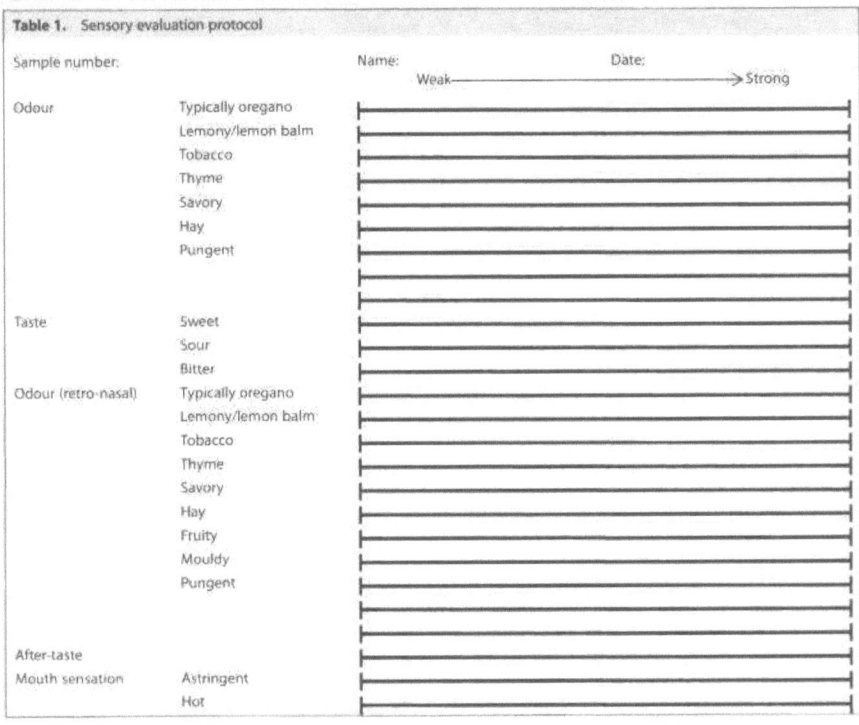

Table 1. Sensory evaluation protocol

In order to launch a new brand onto the market, it is necessary to evaluate the sensory methods suitable for reviewing the full aroma impression of oregano in general, to handle the challenging sample matrix. Therefore, the above-mentioned requirements for conventionally traded oregano specimens were to be considered and evaluated in order to form a basis for further plant breeding. The aim was to find a well-suited and efficient sensory method to quickly screen a large number of new specimens.

Experimental

Plant Materials

Three different genotypes of air-dried, ground oregano – type A (S1), a commonly traded blend); type B (S2), *Origanum onites*; and type C (S3), *Origanum vulgare* subsp. *hirtum* – were obtained from Dr Junghanns GmbH, Gross Schierstedt, Germany. Several samples of 1 kg of each genotype were mixed into one blend in order to obtain a uniform quality. Each blend was analysed four times in human sensory tests. Additionally, a mix (S4) of all three genotypes was prepared in order to cover all sensory impressions within one example.

Sensory Analysis

Profile development. Human sensory parameters characterized as taste (T), odour (OD) and retronasal odour (R) were investigated for all genotypes (S1–S3) and the mix (S4). Because of the specific characteristics of the dried oregano, the testing of pronasal odour on the one hand, and taste and retronasal odour on the other hand was performed using two different sample preparation techniques.

In order to develop a suitable oregano profile, a small group of six well-experienced panellists defined typical descriptions for oregano, taking into consideration odour, taste, retronasal impression and mouth-sensation (MS). These characteristics were defined verbally for the oregano specimens, reference substances [eucalyptol, γ-terpinene, thymol, carvacrol (Carl Roth, Karlsruhe, Germany)] and other herbs (thyme, savory and lemon balm). The final description, including all significant impressions, is shown in Table 1.

After laying the important theoretical foundations, an additional group of six experienced people was also trained in the reference substances, different oregano genotypes and other herbs, such as thyme, savory and lemon balm, in regard to the oregano-specific requirements. This increased the number of panellists to 12, three men and nine women, aged 29–60 years. All panellists evaluated their standards together in a further four sessions.

Sample preparation for the pronasal odor test. To evaluate odour, a ground dried herb sample of 10 g was measured into a sealed 40 ml glass flask. All specimens were presented at room temperature during testing.

Sample preparation for testing taste and retronasal smell. To determine taste and retronasal odour, 1 g of each ground dried sample was added to 100 g low fat curd cheese (0.1% fat) by stirring constantly and incubating for 60 min at room temperature. Then the aromatic curd was stirred again and pushed through a colander. As part of the taste and retronasal odour evaluation, a prepared curd sample of 40 g was provided and the sensory determination was also carried out using the descriptions ascertained earlier. To avoid negative interactions, the panellists could neutralize themselves using bread and water. The number of samples did not exceed four per session.

Data sampling. All panellists marked their impression intensity on an even, non-graduated scale (10 cm) on a computer screen and then the results were properly analysed using the FIZZ Network program (BIOSYS-TEMES, France). This enabled effective data acquisition and processing using a 12-member panel.

Data processing. Sensory determination using a panel is a sensitive and error-prone procedure and needs to be planned and organized precisely. The room temperature during the evaluation was comfortable and at a constant 23°C. The environment was of a modern standard for sensory testing rooms[17] and, to avoid position effects, each specimen was encoded with a triple-digit number according to the Latin square.

To measure the intensity of impression, the FIZZ Network program (BIOSYSTEMES, France) was employed, using an even, non-graduated scale with a length of ca. 10 cm on a computer screen. The left end of the scale, meaning that the impression was weak, and the right end, meaning that the impression was strong, were integrated into the protocol. The data were standardized using the following formula:

$$z_i = \frac{x_i - \bar{x}}{s_x}$$

where z_i is standardized distribution, x_i is the value, $\bar{x}$ is the mean and s_x is the standard deviation (SD). The protocol version is shown in Table 1. Altogether, every specimen was analysed four times by all 12 panellists.

Results and Discussion

Development of a Sample Preparation Method for Dried Oregano

The overall impression of the dried plants was not measured in previous investigations of oregano aroma. This includes taste as well as smell. Due to the fact that oregano specimens could not be tested purely because of their high aromatic impact and the inhomogeneity of the dried herb, it was necessary to find an appropriate alternative. The above-described method, in which oregano is homogenized into almost tasteless curd, is the answer to the problem. Here, important aromatic compounds pass into the curd and reflect the native aroma, but at an admissible level.

Development of a Sensory Profile

Adequate descriptions of odour, taste, retronasal odour, mouth-sensation and after-taste needed to be identified for sensory characterisation of conventionally traded oregano specimens and a mix of those herbs. In this context, a total of 22 descriptions

Table 2. Attributes for aroma profiling

Number	Attribute
1[a]	OD – typically oregano
2[a]	OD – lemony/lemon balm
3[i]	OD – tobacco
4[a]	OD – thyme
5[i]	OD – savory
6[b]	OD – hay
7[b]	OD – pungent
8[a]	T – sweet
9[b]	T – sour
10[i]	T – bitter
11[a]	R – typically oregano
12[a]	R – lemony/lemon balm
13[i]	R – tobacco
14[a]	R – thyme
15[i]	R – savory
16[b]	R – hay
17[a]	R – fruity
18[b]	R – mouldy
19[b]	R – pungent
20[b]	MS – astringent
21[i]	MS – hot
22[i]	After-taste

[a] Positive attribute.
[b] Negative attribute.
[i] Indifferent attribute.

(Table 1) were selected, whereby sweet, sour and bitter taste characterizations were already clearly defined. Two more blank fields were inserted in case new impressions needed to be added.

Profile Analysis

Sensory tests were performed with these important basics, whereby each sample was surveyed four times. The goal was to ascertain whether there were any differences concerning the conventionally traded oregano specimens, which were the determining parameters, and furthermore why some specimens were preferred over others.

For the determination of genotype-related aroma profiles, the data were standardized and categorized into positive, negative and indifferent attributes (Table 2). When summarizing these results, it can be concluded that the tested genotypes were very dissimilar (Figure 1). The impressions of S2 were quite positive. It had a distinctive odour and retronasal odour of lemony/lemon balm. Compared to the other genotypes, it was considered even fruity and sweet, both of which were impressions favoured by many people (Table 3). So the estimated value for odour lemony/lemon balm was actually 2.2 times higher than for S3 and a factor of 1.97 compared to S1. Concurrently, the impressions tobacco (odour) and mouldy (retronasal odour) were strongly reduced, as well as the hot mouth-sensation (Table 3). S2's positive rating was concurrent with current consumer acceptance, as the global sales volume of this genotype is about 4000 tonnes, whereas S1 and S3 only achieve 100 and 500 tonnes, respectively. The main producer and distributor of S2 is in Turkey.

Taking a closer look at the results for S3 shows that the impressions for hay (odour), bitter (taste), savory and pungent

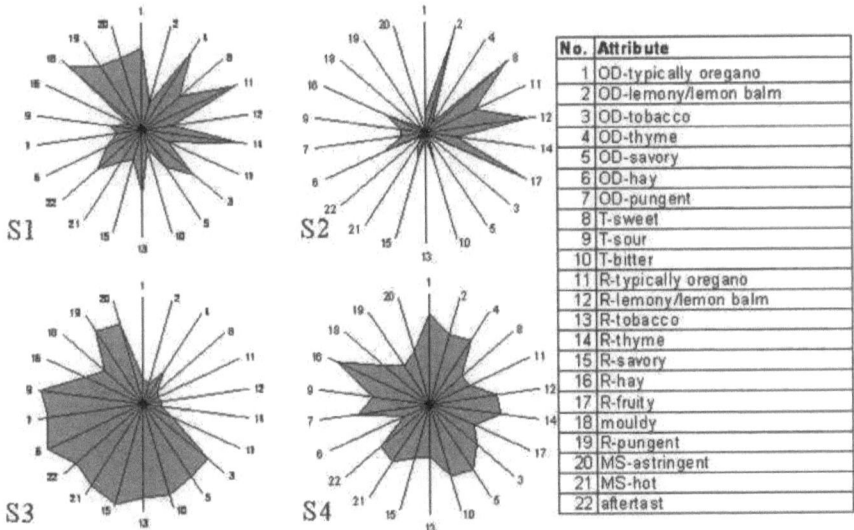

Figure 1. Oregano profiles of S1, S2, S3 and S4. To create the spider diagrams, the data listed in Table 2 were standardized, using Excel software

Table 3. Results of all panellists (12) are summarised to one value (48 values for one mean) for each impression (n = 4). (Results for S1, S2 and S3 with confidence interval, probability 95%)

	Impression	Sample 1 (S1)	Sample 2 (S2)	Sample 3 (S3)	RSD (S1–S3)	Sample 4 (S4)
Odour	OD – typically oregano	74.72 ± 3.97	70.09 ± 5.63	70.43 ± 5.23	3.60	75.19
	OD – lemony/lemon balm	10.81 ± 4.07	21.32 ± 5.22	9.70 ± 4.18	45.98	17.23
	OD – tobacco	10.51 ± 3.48	6.09 ± 2.43	11.66 ± 3.60	31.25	9.94
	OD – thyme	23.55 ± 5.31	17.77 ± 4.99	19.66 ± 5.52	14.52	22.23
	OD – savory	18.85 ± 4.33	16.66 ± 4.59	21.34 ± 4.60	12.36	20.70
	OD – hay	3.79 ± 1.63	3.91 ± 2.20	6.13 ± 2.87	28.55	3.36
	OD – pungent	4.04 ± 1.71	4.02 ± 1.94	5.30 ± 2.18	16.41	4.81
Taste	T – sweet	12.32 ± 2.87	15.13 ± 3.41	10.64 ± 2.74	17.87	11.79
	T – sour	35.38 ± 7.24	35.04 ± 6.36	38.17 ± 6.85	4.74	36.23
	T – bitter	13.06 ± 2.83	13.60 ± 4.36	17.83 ± 4.31	17.61	16.43
Retro-nasal odour	R – typically oregano	76.30 ± 4.35	74.81 ± 4.55	73.74 ± 4.87	1.71	74.53
	R – lemony/lemon balm	10.23 ± 3.63	15.81 ± 3.86	9.23 ± 3.24	30.13	13.02
	R – tobacco	7.77 ± 2.93	5.55 ± 2.19	8.98 ± 2.86	23.37	7.30
	R – thyme	21.60 ± 4.82	18.51 ± 4.91	17.98 ± 4.87	10.09	20.34
	R – savory	17.38 ± 4.11	16.94 ± 4.94	23.45 ± 5.89	18.89	19.30
	R – hay	2.64 ± 1.25	3.15 ± 1.81	3.57 ± 2.07	15.02	4.17
	R – fruity	2.36 ± 1.56	4.79 ± 2.04	2.47 ± 1.40	42.76	2.91
	R – mouldy	1.32 ± 1.09	0.66 ± 0.58	0.98 ± 0.60	33.46	1.02
	R – pungent	4.81 ± 2.29	3.15 ± 1.46	5.06 ± 2.32	23.95	4.04
Ms	MS – astringent	16.09 ± 3.99	14.34 ± 3.72	16.28 ± 4.20	6.85	15.55
	MS – hot	7.19 ± 2.34	6.32 ± 3.01	9.30 ± 3.31	20.14	8.21
At	MS – hot	29.30 ± 8.07	28.87 ± 8.50	29.53 ± 7.90	1.14	29.32

Ms, mouth sensation; At, after-taste.

(retronasal odour) were rated stronger than for the other genotypes tested (Table 3). Primarily negative attributes were established (Figure 1).

The impression evaluation of S1 was nearly in line with the average data of all genotypes tested and extreme outliers could not be proven. Three positive attributes (thyme odour, typically oregano and thyme for retronasal impression) and three negative attributes (mouldy and pungent for retronasal impression and an astringent mouth sensation) were detected. The mouldy impression was rated stronger than for the other genotypes. However, S1 had the lowest rating for hay impression. It was also weak in pungent impressions, like S2, and weak in fruity impression, like S3. This makes the genotype, which is a conventionally traded blend, acceptable and favoured. S4, a blend of S1, S2 and S3, was of interest. The strength of impression for all attributes was very uniform. The reason for this was its blending. Both the positive attributes of S2 and the negative impressions of S3 were mixed together and led to these results. Thereby, the positive attributes, such as typical oregano and thyme, increased and the negative smell of hay was extenuated; however, the retronasal impression of hay increased too and the lemony impression was now a little lower. Overall, S4 (the blend) was an acceptable product for sensory evaluation.

In further investigations, the three genotypes were analysed using gas chromatography–olfactometry (GC–O) to ascertain which compounds were aroma-impact compounds and what their aroma impressions were.[18] For these investigations, chemometric methods (cluster analysis, factor analysis, partial least-squares regression and discriminant analysis) were used. The factor analysis of the GC–O data confirmed the lemon, mint and fresh impression of S2, as could be determined with human sensory tests. Also, the relevant aroma-impact compounds for the impressions for S2 could be identified (eucalyptol, borneol, β-bisabolene). Impact compounds with a strong spicy and pungent impression could be ascertained through factor analyses for S1 and S3. The outcome of the further analysis was the reduction of relevant attributes for sensory testing and the establishment of an oregano profile with high marketing potential.[18] The results are necessary preconditions for future plant breeding projects aimed at developing new and marketable oregano genotypes with interesting sensory profiles.

In summary, it can be concluded that important basics regarding accurate sensory evaluation of oregano were achieved with the present investigations. A well-suited and efficient sensory method was developed in the present study. This includes the development of an efficient sample preparation method as well as the identification of oregano-related impressions and sensory descriptions. The newly developed sample preparation method to detect the aroma impression of aroma-intensive herbs by extracting aroma compounds in curd is completely new and is the basis for quality monitoring.

Through a well organized procedure and detailed analysis, important differences between the tested oregano genotypes could be detected and commonly favoured sensory parameters could be revealed, as could the unpopular parameters. The transferability of the sample preparation for herbal products as part of product development and plant breeding needs to be verified, but important fundamental knowledge was obtained in this study.

References

1. S. Kintzios. In *Medicinal and Aromatic Plants – Industrial profiles – Oregano: The Genera Origanum and Lippia*, S. Kintzios (ed.). Taylor & Francis: London, **2002**; 237.
2. G. W. Olivier. In *Proceedings of the IPGRI International Workshop on Oregano*, S. Padlosi (ed.). CIHEAM: Valenzano (Bari), **1996**, 142.
3. A. Tsagadopoulos. *Development of a Method for the Quality Evaluation of Oregano (Origanum sp.) Based on Morphological Characteristics*. Agricultural University of Athens: Athens, **2002**.
4. J. H. Ietswaart. *A taxonomic revision of the genus Origanum (Labiatae)*. Leiden University Press: The Hague, **1980**.
5. H. Duman, Z. Aytec, M. Ekici, E. A. Karaveliogullari, A. Donmenz, A. Duran. *Flora Mediterranea* **1995**, *5*, 221.
6. A. Danin, I. Kuenne. *Willdenowi* **1996**, *25*, 601.
7. M. Skoula, J. B. Harborne. In *Medicinal and Aromatic Plants – Industrial Profiles – Oregano: The Genera Origanum and Lippia*, S. Kintzios (ed.). Taylor & Francis: London, **2002**; 67.
8. H. Duman, K. H. C. Baser, Z. Aytec. *Tr. J. Bot.* **1998**, *22*, 51.
9. E. Teuscher. *Gewürzdrogen*. Wissenschaftlich Verlagsgesellschaft mbH: Stuttgart, **2003**.
10. R. Barnauskiene, P. R. Venskutonis, C. R. Demyttenaere. *Flavour Fragr. J.*, **2005**, *20*, 492.
11. K. T. Farrell. *Spices, Condiments, and Seasonings*. AVI: Westport, CT, **1985**; 415.
12. H. B. Heath. In *Source Book of Flavors*, AVI: Westport, CT, **1981**, 863.
13. G. Mosciano, M. Fasano, J. Michalski, S. Sadural. *Perfum. Flavor.* **1991**, *16*, 45.
14. K. Kerrola. *Dissert. Abstr. Int. C* **1995**, *56*(2), 356.
15. V. K. Modi, G. S. Sidde Gowda, P. Z. Sakhare, N. S. Mahendrakar, D. Narasimha Rao. *Food Sci Technol* **2006**, *39*, 613.
16. C. Wilkins, J. O. Madsen. *Z. Lebensm. Unters. Forsch.* **1991**, *192*, 214.
17. DIN 10962. German Institute for Standardization, Berlin, **1997**.
18. A. C. Bansleben, I. Schellenberg, J. W. Einax, K. Schaefer, D. Ulrich, D. Bansleben. *Anal. Bioanal. Chem.* **2009**, *395*(5), 1503.

4. Diskussion

4.1 Identifizierung der flüchtigen Aromaverbindungen

Um herauszufinden, welche flüchtigen Verbindungen bei der Aromawahrnehmung eine Rolle spielen, ist es zunächst notwendig, alle Verbindungen zu identifizieren. Dafür musste ein geeignetes Extraktionsverfahren ermittelt werden, um möglichst alle flüchtigen Verbindungen, auch Minorverbindungen, mittels Gaschromatographie erfassen zu können. In Voruntersuchungen wurden einige Extraktionsverfahren auf ihre Eignung überprüft.

Untersucht wurden hier die Lösungsmittelextraktion (PLE, speziell die Accelerated Solvent Extraktion, ASE), die Wasserdampfdestillation (WDD), die Solid Phase Microextraction (SPME), die Solid Phase Dynamic Extraction (SPDE) und die Stir Bar Sorptive Extraction (SBSE). In den letzten Jahren wurden zahlreiche Extraktionsverfahren in der Literatur beschrieben und miteinander verglichen (Richter et al., 2007; Kreck et al., 2002; Sandra et al., 2000; Pimentel et al., 2009; Tholl et al., 2008; Castel et al., 2006). Dabei stellte sich heraus, dass die WDD – das Standardverfahren zur Extraktion äthersicher Öle - als ungeeignet gilt, wenn man den natürlichen Aromaeindruck der Kräuter ermitteln möchte. Durch die hohen Temperaturen über einen Zeitraum von zwei Stunden kann es bei sehr empfindlichen Verbindungen zu Artefaktbildungen kommen, die das Aromaprofil verändern (Richter et al., 2007; Blum, 1999; Länger et al., 1996). Neben der Veränderung des Aromaprofils ist der erhöhte Zeitaufwand ein weiterer Nachteil der WDD. Deshalb wurden im Rahmen dieser Untersuchungen Verfahren getestet, die sich durch kürzere Extraktionszeiten und schonendere Extraktionsbedingungen auszeichnen. Hierfür wurde das klassische Verfahren der WDD mit der Lösungsmittelextraktion und einer Abwandlung dieser – der Accelerated Solvent Extraktion (ASE)- verglichen (Wolff et al., 2007a). Es konnte gezeigt werden, dass die ASE höhere Extraktionsraten erreicht. Diese sind um 40 % höher im Vergleich zur WDD und sogar 80 % höher im Vergleich zur klassischen Lösungsmittelextraktion (bezogen auf die Gesamtpeakflächen). Neben der höheren Extraktionsrate konnte auch gezeigt werden, dass mittels ASE eine höhere Anzahl an Minorverbindungen extrahiert werden kann. Ein weiterer Vorteil ist die stark verkürzte Extraktionszeit von nur 12 Minuten im Vergleich zu zwei bis zweieinhalb Stunden mit den anderen beiden

Verfahren. Allerdings werden mittels Lösungsmittelextraktionsverfahren auch Begleitstoffe, also nicht ätherische Ölverbindungen, extrahiert (Luque de Castro et al., 1999; Richter et al., 2007). Dazu zählen Fettsäuren, Wachse, Harze und Farbstoffe. Diese sind störend bei der Analyse der Aromaprofile und sollten vermieden werden. Richter et al. verglichen in ihren Untersuchungen die bisher beschriebenen Extraktionsverfahren mit der Headspace-SPME. Diese Methode stellte sich als am geeignetsten für die Extraktion der flüchtigen Aromaverbindungen heraus. Die Eignung konnte hier für vier Pflanzen (Thymian, Majoran, Salbei, Kümmel) bestätigt werden. Vorteile der HS-SPME gegenüber den anderen Verfahren sind der Automatisierungsgrad, das Vermeiden von Artefaktbildung bei hitzelabilen Verbindungen, sehr gute statistische Ergebnisse bezüglich Reproduzierbarkeit und Vergleichbarkeit und die stark reduzierte Begleitextraktion von nicht ätherischen Ölverbindungen. Die Eignung der SPME wurde in vielen wissenschaftlichen Arbeiten ebenfalls bestätigt (Baranauskiene et al., 2005; Perez et al., 2007; Diaz-Maroto et al., 2002; Johnson et al. 2004). Jedoch konnte bei eigenen Untersuchungen auch immer wieder festgestellt werden, dass diese Methode auch Nachteile hat. Ein Problem ist die mechanisch labile Kanüle, die während der Extraktion durch das Bewegen des Agitators (temperierbarer Extraktionsraum) unter starker mechanischer Belastung steht und es immer wieder zu Materialermüdung kommt. Ein Wechseln der Kanüle stellt zwar kein Problem dar, jedoch konnte festgestellt werden, dass das Wechseln zu erhöhten Standardabweichungen führt. Ein weiteres Problem der SPME ist das kleine Extraktionsvolumen von nur 0,6 µL PDMS. Deshalb sollte die SPME mit ähnlichen Verfahren verglichen werden (Wolff et al., 2007b). Zum Einsatz kamen die SPDE und die SBSE. Deren Vorteile sind die höhere Robustheit gegenüber mechanischer Belastung und die erhöhte Beladungskapazität. Die SPDE hat eine Extraktionsmenge an PDMS von 4,5 µL und die SBSE sogar von 126 µL PDMS. Der Vergleich zeigte, dass auf Grund der höchsten Extraktionsmenge auch die größteExtraktionsausbeute mittels SBSE erzielt werden konnte. Vor allem aber konnten mittels SBSE die meisten Minorverbindungen im Vergleich zu SPME und SPDE extrahiert werden. Dies ist für die Ermittlung der Aromaprofile von entscheidender Bedeutung, da diese oftmals ausschlaggebend für den Gesamtaromaeindruck sein können. Der nicht vollständig automatisierbare Ablauf der Extraktion - jeder Magnetrührer muss nach der Extraktion aus dem Extraktionsgefäß entnommen werden und in die Extraktionsröhrchen im Probenrack

DISKUSSION

eingesetzt werden - stellt für diese Untersuchungen kein Problem dar, da ein hoher Probendurchsatz für Gaschromatographie-Olfaktometrie-Analytik ohnehin nicht praktikabel ist.

Neben den bereits in der Literatur beschriebenen Verbindungen für Oregano konnten im Rahmen dieser Arbeit noch fünf weitere Verbindungen identifiziert werden (Methyl-2-Methylbutanoat, Thymol-Acetat, Dihydroeugenol, Thymohydroquinon, Dihydrocarvyl-Acetat). Dies zeigt, dass die SBSE sehr gut geeignet ist, Aromaverbindungen zu extrahieren, um sie anschließend mittels GC-O zu analysieren.

4.2 Identifizierung der Aroma-Impact-Verbindungen

Um die Verbindungen mit einer Bedeutung für den Aromaeindruck zu ermitteln, wird die Gaschromtographie-Olfaktometrie (GC-O) genutzt (Delahunty et al., 2006; van Ruth, 2004; Zellner et al., 2008). Mit Hilfe dieser Technik ist es möglich, geruchsaktive flüchtige Komponenten von getrockneten Oregano-Proben zu detektieren. Die im Rahmen der Arbeit eingesetzten, geschulten 12 Tester prüften alle Proben auf geruchsaktive Verbindungen. Von den insgesamt 35 identifizierten Verbindungen aller Proben sind 26 Verbindungen geruchsaktiv. Für die Ermittlung ihrer Bedeutung für das Aroma wird der sogenannte NIF-Wert herangezogen (Curioni und Bosset, 2002; Shu und Shen, 2008; Debonneville et al., 2002; Berdagué et al., 2007). Er gibt an, wie viele Tester diese Verbindung gerochen haben.

NIF (%) = $\underline{\text{Anzahl der Personen, die die Verbindung gerochen haben}}$
Gesamtanzahl aller Tester

Die Verbindungen 1-Octen-3-ol, p-Cymen, Linalool, Carvacrol, Thymolhydroquinon, Dihydrocarvyl-Acetat und eine nicht-identifizierte Verbindung (Retentionszeit 17,40min) erzielten die höchsten NIF-Werte (> 40 %). Diese Verbindungen zeichnen sich durch einen pilzartigen, würzigen, krautigen, mentholartigen, blumigen, süßen, oreganoartigen oder frischen Geruch aus.

Die Verbindungen Carvacrol, p-Cymen, 1-Octen-3-ol und Linalool sind die geruchsaktivsten Verbindungen der Mischsorte. Die geruchsaktivsten Verbindungen der Sorte *Origanum onites* sind Thymolhydroquinon, eine nicht-identifizierte Verbindung (Retentionszeit 17,40 min), Eucalyptol, β-Bisabolen und β-Caryophyllen, die durch ein kräutrig, frischen, eukalyptusartigen, süßen und minzigen Geruchseindruck durch die Prüfer beschrieben werden. Als besonders geruchsaktiv für die *Origanum vulgare* ssp. *Hirtum*-Sorte werden durch die Prüfer 1-Octen-3ol, Linalool, Dihydrocarvyl-Acetat und Dihydroeugenol identifiziert. Die Verbindungen haben ein pilziges, würziges, süßes Aroma. Die statistische Bewertung dieser Untersuchungen ist unter 4.4. Chemometrik- ein wichtiges Werkzeug in der Aromaanalytik zusammengefasst.

4.3 ENTWICKLUNG EINES NEUEN VERFAHRENS ZUR ERMITTLUNG VON AROMAPROFILEN VON KRÄUTERN MIT HOHEN AROMAKONZENTRATIONEN

Oregano zeichnet sich durch ein sehr intensives Aroma aus. Für die sensorische Untersuchung ist dies eher problematisch, da oftmals eine direkte unverdünnte Verkostung nicht möglich ist. Durch die getrocknete, gerebelte, inhomogene Struktur des Oregano-Krauts kann es bei der direkten sensorischen Verkostung zu überlagernden Geschmackseindrücken bei der Verkostung mehrerer Proben nacheinander kommen.

In der Literatur findet man bisher nur sensorische Untersuchungen von extrahierten ätherischen Ölen oder Speisen, die mit Oregano zubereitet werden (Boelens und Boelens, 2000; Novak et al. 2003), bzw. die Gewürze werden sogar nur hinsichtlich ihres Geruchs sensorisch bewertet (Wilkins und Madsen, 1991; Baranauskiene et al., 2005). So fehlt jedoch der Gesamteindruck zur Beschreibung des Aromas, denn der setzt sich neben dem Geruch auch aus dem Geschmack und dem retronasalen Geruch zusammen.

Somit war es notwendig, mittels klassischer Sensorik ein geeignetes Verfahren zur sensorischen Beurteilung von getrocknetem, gerebeltem, stark aromatischem Oregano zu entwickeln, um den Gesamtaromaeindruck beurteilen zu können. Dabei stellte sich Quark als geeignete Matrix heraus. Er nimmt durch entsprechende Einwirkzeit den kräutertypischen Geschmack von Oregano an. Durch das Entfernen der gerebelten Bestandteile nach der Einwirkzeit im Quark erhält man eine homogene Probe, die sehr gut zur sensorischen Untersuchung geeignet ist. Die Beurteilung des Geruchs erfolgt nach wie vor direkt vom getrockneten gerebelten Material. Ein weiterer Vorteil der Verwendung von Quark ist die gute Verfügbarkeit und die Möglichkeit der Standardisierung. Dieses Verfahren kann gut nachgearbeitet und auf andere intensiv aromatische Kräuter übertragen werden.

Dieses entwickelte sensorische Verfahren zur Beurteilung stark aromatischer Kräuter sollte anschließend an verschiedenen Oregano-Sorten, drei Haupthandelssorten am europäischen Markt, getestet werden (*Origanum onites, Origanum vulgare* subsp. *hirtum* und ein Blend verschiedener europäischer Oregano-Sorten). Es konnten sehr unterschiedliche Sensorikprofile ermittelt werden (Bansleben et al., 2010). Um diese bewerten zu können, wurden die Sensorik-Attribute in positive, negative und neutrale Attribute sortiert. Im Ergebnis zeigte sich, dass eine Sorte (*Origanum onites*) sich dabei durch überwiegend positive Attribute auszeichnet, zu denen z.B. der Geruch „typisch Oregano" oder auch der retronasale Geruch „typisch Oregano" gehört. Alle Proben wurden durch das 12-köpfige Panel neben der Profilanalytik auch auf die Beliebtheit getestet. Dabei zeigte sich, dass die *Origanum onites* – Sorte mit überwiegend positiven Attributen auch tatsächlich die beliebteste Probe ist. Am wenigsten beliebt war die *Origanum vulgare* subsp. *Hirtum* – Sorte. Diese wird stark durch neutrale und negative Attribute charakterisiert. Dazu zählen u.a. Attribute wie retronasaler Geruch „beißend" oder Geruch „Heu". Die dritte Sorte - ein handelsüblicher Mix aus mehreren Oregano-Sorten - ordnet sich bei der Beliebtheit zwischen den beiden anderen Sorten ein. Diese Sorte wird durch neutrale, positive und negative Attribute gleichermaßen charakterisiert. Beim Gesamtaromaeindruck werden die negativen Attribute durch die positiven Attribute ausgeglichen, wodurch sich die mittlere Beliebtheit erklären lässt.

Als besonderes positiv wird bei der *Origanum onites* - Sorte ihr eher milderer Aromaeindruck beschrieben. Sie zeichnet sich durch ein frisches, leicht an Zitronenmelisse erinnerndes Aroma aus. Dabei ist diese Sorte weniger herb, beißend und kräftig im Aroma, wie es für die anderen beiden Sorten beschrieben wird.

4.4 Die Chemometrik – wichtiges Werkzeug in der Aromaanalytik

Die oben beschriebenen Aussagen sind für eine umfassende Beurteilung von Oregano-Aromen unzureichend. Mit der sensorischen Profilanalyse kann nur gezeigt werden, durch welche Attribute die einzelnen Proben charakterisiert werden. Mit der GC-O identifiziert man lediglich Verbindungen mit Geruchsaktivität. Um das Ziel dieser Arbeit - Identifizierung der für den Aromaeindruck verantwortlichen

Verbindungen - erreichen zu können, wurden beide Verfahren miteinander kombiniert. Ein geeignetes Werkzeug dafür ist die Chemometrik. Mit ihr ist es möglich, große Datensätze unterschiedlicher Erhebungen zu korrelieren und zu vergleichen. Dabei hilft die Chemometrik u.a., Strukturen in großen Datensätzen zu erkennen (Clusteranalyse), die Datenmenge auf wesentliche Daten zu reduzieren (Faktorenanalyse), das entwickelte mathematische Modell zur Bewertung der Daten auf seine Richtigkeit zu überprüfen (Diskriminanzanalyse) und eine statistische Fehlervorhersage machen zu können (Partial-Least-Square Regression, PLS).

Die Clusteranalyse der sensorischen Daten ergibt eine Teilung in zwei Cluster. Grund für diese Teilung, bei der ein Cluster nur aus der *Origanum onites* - Sorte besteht und das andere Cluster aus den anderen beiden Sorten, ist das besondere frische, zitronenmelissenähnliche Aroma und das weniger stark ausgeprägte beißende und intensive Aroma im Vergleich zu den anderen beiden Sorten. Das zeigte auch die durchgeführte Faktorenanalyse, bei der die Attribute und die aromabedeutsamen Verbindungen ermittelt werden konnten, die für die jeweiligen Sorten von Bedeutung sind. Dabei beeinflussen die Verbindungen Eucalyptol, β-Bisabolen, Borneol und Dihydrocarvyl-Acetat maßgeblich den Aromaeindruck der *Origanum onites* - Sorte. Diese prägen das frische, zitronige, minzige, aber dennoch würzige Aroma der Sorte. Die anderen beiden Sorten haben ein eher scharfes, stark würziges bis beißendes Aroma. Sie ähneln sich mehr in ihrer Aroma-Ausprägung als die *Origanum onites* - Sorte. Daher werden sie bei der Clusteranalyse auch zu einem Cluster zusammengefasst. Für die Aroma-Ausprägung der *Origanum vulgare* ssp. Hirtum - Sorte sind Thymol und Terpinen-Derivate (α-Terpinen, α-Terpineol, Thymolmethylether, Thymol-Acetat) ausschlaggebend. Sie prägen das Aroma, das an Thymian und Bohnenkraut erinnert. Ursache hierfür ist, dass diese Impact-Verbindungen Hauptverbindungen von Thymian und Bohnenkraut sind. Bei der dritten Sorte, eine typische Mischsorte von Oregano für den europäischen Gewürzmarkt, wird das Aroma hauptsächlich durch die Oregano-typischen Verbindungen Carvacrol und p-Cymen geprägt. Bei der Auswertung der sensorischen Ergebnisse für diese Sorte war der Trend zu erkennen, dass diese Sorte die höchste Bewertung beim Attribut „typisch Oregano" sowohl für den Geruch als auch für den retronasalen Geruch erzielte. Somit spiegelt auch der Gesamtaromaeindruck das typische Oreganoaroma wieder, das auch durch die GC-

O gezeigt wurde. Hingegen wird die *Origanum vulgare* ssp. *Hirtum* - Sorte auch bei der sensorischen Analyse als Thymian bzw. Bohnenkraut ähnlich beschrieben. Auch hier ist der Trend zu erkennen, dass sie die höchsten Bewertungen für die Attribute „Bohnenkraut" und „Thymian" für Geruch und retronasalen Geruch erreichen konnte. Die Ergebnisse zeigen, dass der Trend, der durch die sensorischen und olfaktorischen Analysen ermittelt werden konnte, durch die Chemometrik bestärkt wird. Dies macht das große Leistungsvermögen der Chemometrik deutlich. Untersuchungen, bei denen der Mensch als Detektor dient, sind immer sehr schwierig, da sie subjektive Verfahren sind und nicht kalkulierbare Einflussfaktoren nicht ausgeschlossen werden können. Durch den Einsatz chemometrischer Methoden war es neben der Bestätigung der sensorischen und olfaktorischen Ergebnisse auch möglich, die großen Datensätze auf wesentliche Merkmale zu reduzieren. Dies verringert den Analysenaufwand für die Untersuchung weiterer Proben. Mit Hilfe der Ergebnisse der Linearen Diskriminanzanalyse wird es zukünftig auch möglich sein, unbekannte Sorten besser klassifizieren zu können. Hierbei reicht dann eine sensorische Untersuchung auf die ermittelten wesentlichen Attribute wie zitronig, Tabak, süß, bitter, Heu, fruchtig und beißend aus, um die unbekannten Proben einer der ermittelten Klassen zuordnen zu können. Die zeitintensive sensorische Analyse, bei der alle Proben auf alle 23 Attribute untersucht werden, entfällt somit. Da sich die Daten mittels der Chemometrik miteinander korrelieren lassen, wäre es auch möglich, zunächst nur eine GC-MS-Analyse durchzuführen und nach den zuvor ermittelten relevanten Verbindungen zu screenen. So lässt sich mittels Chemometrik feststellen, welchen Aromaeindruck die Probe erzeugt und welcher Klasse diese dann zu zuordnen ist. Dies ist nützlich für die Züchtung neuer Sorten oder zur Authentizitätsprüfung unbekannter Proben. Für neue Proben sind zunächst nicht alle Analysen notwendig. Erst wenn die Proben den ermittelten „Klassen" entsprechen, sind weiterführende Analysen nötig.

4.5 FAZIT

Die hier entwickelte Methode ist grundsätzlich für die Untersuchung insbesondere stark aromatischer Kräuter (Majoran, Thymian, Bohnenkraut, Estragon, Borretsch) geeignet. Dies konnte am Beispiel von Oregano sehr gut gezeigt werden. Die Ermittlung aromabedeutsamer flüchtiger Verbindungen von z.B. diesen genannten Kräutern ist mit der hier entwickelten Methode, bestehend aus klassischer Sensorik kombiniert mit GC-O und bewertet mit chemometrischen Verfahren, sehr gut möglich.

Ein wesentlicher Vorteil des Verfahrens ist die Zeit- und Kostenersparnis für den Züchter. Nicht jede neue für die Züchtung ausgewählte Spezies muss sofort umfangreich auf alle sensorischen und analytischen Parameter untersucht werden, um herauszufinden, ob eine Weiterzüchtung von Interesse ist. Durch die Anwendung der Chemometrik ist es möglich, allein z.B. auf Grund der GC-MS-Analyse schon erste Rückschlüsse auf den Aromaeindruck oder einzelne aromabedeutsame Verbindungen ziehen zu können.

Die in dieser Arbeit ermittelten Ergebnisse könnten zukünftig auch anderen Technologien als Grundlage für weitere Untersuchungen dienen. Mittels Gentechnik könnte ermittelt werden, welche Gene welche ätherischen Ölverbindungen regulieren, und mit dieser Erkenntnis wäre es dann möglich, einzelne Gene so zu regulieren, dass sie der gewünschten Aromaausprägung entsprechen.

Voraussetzung hierfür wäre die Korrelation mit Daten, die mit der im Rahmen dieser Arbeit vorgestellten Methodik erzeugt werden. Allerdings bestehen hier beim Einsatz in Lebensmitteln die bekannten Schwierigkeiten bezüglich der Verbraucherakzeptanz von gentechnisch veränderten Lebensmitteln.

Auch ist es möglich, molekularbiologischer DNA- Datenbanken verschiedener Spezies einer Pflanzensorte mit unterschiedlichen Aromaausprägungen anzulegen und gegebenenfalls darüber zu ermitteln, welchem Aromamuster die jeweils einzusetzende Sorte entspricht.

5. ZUSAMMENFASSUNG

Ziel der vorliegenden Arbeit war es, eine Methode zu entwickeln, um stark aromatische Kräuter sensorisch zu charakterisieren und die das Aroma maßgeblich bestimmenden Verbindungen zu identifizieren. Genutzt wurden hierfür die klassische Sensorik, die Gaschromatographie-Olfaktometrie und die Gaschromatographie-Massenspektrometrie. Dafür musste zunächst ein geeignetes Verfahren entwickelt werden, stark aromatische Kräuter auf ihren Geschmack zu untersuchen. Eine pure Verkostung von intensiv schmeckenden, getrockneten Kräutern ist oftmals nicht möglich, da der beißende Geschmack alle anderen Attribute überdeckt und mehrere Proben hintereinander nicht verkostet werden können. Durch die inhomogene Struktur kann sich der Aromaeindruck nacheinander verkosteter Proben überlagern. Als geeignete Matrix für die Verkostung stellte sich Quark heraus. Er nimmt unter den ermittelten Bedingungen den Geschmack der Probe auf und kann dadurch stärker verdünnt verkostet werden. Damit ist es möglich, auch feine Nuancen im Aroma ermitteln zu können. Durch die homogene Beschaffenheit der Quarkproben ist auch die Verkostung mehrerer Proben nacheinander problemlos durchführbar.

Innerhalb der Untersuchungen sollte aber auch eine Möglichkeit gefunden werden, die Ergebnisse aller verwendeten Techniken (Sensorik und GC-O) so zu kombinieren, dass die Verbindungen charakterisiert werden, die das Aroma prägen, welches mittels sensorischer Profilanalyse zu Geruch, Geschmack und retronasalem Geruch ermittelt wurde. Als Modellkraut diente Oregano. Für die im Rahmen der Arbeit erfolgten Untersuchungen wurden die drei Haupthandelssorten des europäischen Marktes ausgewählt. Dabei handelt es sich um *Origanum onites*, *Origanum vulgare* spp. *hirtum* und eine typische Mischprobe aus verschiedenen Genotypen, so wie sie häufig gehandelt werden. Sie sollten sensorisch charakterisiert werden, um zu ermitteln, warum gerade diese Sorten am europäischen Markt so hohe Absätze erzielen.

Um die Ergebnisse der klassischen Sensorik und GC-O miteinander korrelieren zu können, wurde die Chemometrik mit dem Ziel eingesetzt, große Datenmengen unterschiedlicher Erhebungen zu strukturieren und auf wesentliche Merkmale zu reduzieren. Durch die Berechnungen mittels Clusteranalyse wurde gezeigt, dass sich die untersuchten Sorten in zwei Cluster aufteilen lassen. Ein Cluster besteht aus der *Origanum onites*-Sorte, das zweite Cluster aus den beiden anderen Sorten. Grund für die Teilung der Sorten in zwei Cluster ist der andersartige Aromaeindruck von *Origanum onites*. Er ist frisch, minzig und würzig, aber weniger stark und beißend im Gegensatz zu den anderen beiden Sorten. Mittels Auswertung der olfaktometrischen Daten durch die Faktorenanalyse konnten auch die Verbindungen ermittelt werden, die dieses Aroma der Sorten maßgeblich prägen. Neben den in der Literatur beschriebenen Verbindungen konnten noch fünf weitere Verbindungen identifiziert werden. Diese Verbindungen sind Methyl-2-methylbutanoat, Thymol-Acetat, Dihydroeugenol, Thymolhydroquinon, Dihydrocarvyl-Acetat. Somit konnte eine Art Fingerprint für die Haupthandelssorten des europäischen Marktes von Oregano erstellt werden. Dies ermöglicht in Zukunft ein schnelleres Screening neuer Sorten. Unbekannte Proben können dank der Ergebnisse der Partial-Least Square Regression besser klassifiziert werden.

Zusammenfassend ist festzustellen, dass die chemometrische Datenanalyse die mittels Sensorik und Olfaktometrie erzeugten subjektiven Bewertungen bestätigt und objektiviert. Zukünftige Untersuchungen können mittels dieser Methode unter Einbeziehung chemometrischer Methoden schneller und zielgerichteter durchgeführt werden. Neue Proben werden zukünftig einem generellen Screening mittels GC-MS unterzogen und nur mit den sehr zeit- und kostenintensiven Verfahren der klassischen Sensorik und GC-O weiter untersucht, wenn sie der mittels Diskriminanzanalyse ermittelten Klasse entsprechen, die gleichzeitig mit einer hohen Kundenakzeptanz korreliert und somit hohe Absatzchancen aufweist. Die im Rahmen der Arbeit entwickelte Methodik ist für Oregano neu und bietet eine gute Voraussetzung für die Züchtung neuer Sorten und/oder das generelle Screening von Pflanzen.

6. Summary

The aim of this work was to develop a method of sensory characterization of strong aromatic herbs and to identify the compounds that significantly determine this aroma. To do this, we used traditional sensory techniques, gas chromatography-olfactometry and gas chromatography-mass spectrometry. First, a suitable method had to be developed in order to investigate strong aromatic herbs in terms of their taste. A simple taste test of the intensively tasting dried herbs is often impossible since the sharp taste hides all of the other characteristics and multiple samples can not be tasted one after the other. Due to the inhomogeneous structure, the aroma impression of samples tasted consecutively can overlap. Curd turned out to be a suitable matrix for the taste testing. Under the established conditions, it takes on the taste of the samples and can be tasted in a much more diluted state. This allowed fine aromatic nuances to be detected. The homogenous qualities of the curd samples also allowed multiple samples to be tasted consecutively.

As part of our investigation, we were also looking for a way to combine the results of all the technology used (sensory and GC-O) so that the compounds that determine the aroma could be characterized. This aroma was identified using sensory profile analysis of smell, taste and retro-nasal smell. Oregano was used as the model herb. The three main commercial varieties sold on the European market were used in the investigations for this paper. These included *Origanum onites*, *Origanum vulgare* spp. *hirtum* and a typical composite sample made up of various genotypes as is often traded. They were to undergo sensory characterization to find out why these varieties do so well on the European market.

In order to be able to correlate the results of traditional sensory techniques and GC-O, chemometrics was used with the aim of organizing large amounts of data that was compiled in various ways and of reducing this to down to essential features. Using the calculations gathered through cluster analysis, it was revealed that the varieties investigated were divided into two clusters. One cluster consisted of the *Origanum onites* variety and the other cluster consisted of the other two varieties. The different aromatic impression of *Origanum onites* was the reason why the varieties were divided into these clusters. It is fresher, more minty and spicier, but it is also less strong and sharp compared to the other two varieties. By analyzing the olfactometric data using factor analysis, compounds could also be identified which significantly

SUMMARY

shape the aroma of these varieties. In addition to the compounds described in literature, five further compounds could be identified. These compounds are methyl-2-methylbutanoate, thymol acetate, dihydroeugenol, thymol hydroquinone, and dihydrocarvyl acetate. This allowed a type of fingerprint to be created for the main commercial varieties of oregano sold on the European market. This also will enable faster screening of new varieties in the future. Unknown samples can be classified better thanks to the findings of partial least square regression.

In summary we found that the chemometric data analysis confirmed and objectified the subjective evaluations gathered using sensory techniques and olfactometry. Future investigations will be able to be carried out faster and more to the purpose using this method and by involving chemometric methods. In the future, new samples will undergo a general screening using GC-MS technology. The very time and cost intensive methods of traditional sensory techniques and GC-O will be used in the investigations only if the samples correspond to a class, determined using discriminant analysis that correlates to higher acceptance and sales opportunities for oregano. The methodology developed as part of this work is new for oregano and offers a good basis for breeding new varieties and/or screening plants.

7. LITERATURVERZEICHNIS

Albers S (2005) PLS and Success Factor Studies in Marketing, in eds. Aluja T, Casanovas J, Vinzi VE, Morineau A, Tenenhaus M: PLS and Related Methods, Proceedings of PLS'05 International Symposium SPAD Barcelona: 13-22

Antonescu V, Sommer L, Bredescu I, Barza P (1982) Farmacia (Bukarest) 30: 201-208

Arnold N, Bellomaria B, Valentini G, Arnold HJ (1993). Comparative study of the essential oils from three species of Origanum growing wild in the eastern Mediterranean region. J Essential Oil Res 5: 71-77

Arthur CL, Pawliszyn J (1990). Solid phase microextraction with thermal desorption using fused silica optical fibers. Anal Chem 62: 2145-2148

Azizi A, Yan F, Honermeier B (2009). Herbage yield, essential oil content and composition of three oregano (*Origanum vulgare* L.) populations as affected by soil moisture regimes and nitrogen supply. Ind Corp Prod 29(2-3): 554-561

Bagamboula CF, Uyttendaele M, et al. (2003). Antimicrobial effect of spices and herbs on Shigella sonnei and Shigella flexneri. J Food Protec 66(4): 668-673

Bahrenberg G, Giese E, Nipper J (1992). Statistische Methoden in der Geographie Band 2: Multivariate Statistik. Teubner, Stuttgart

Baltussen E, Sandra P, David F, Cramers C (1999). Stir Bar Sorptive Extraction (SBSE), a Novel Extraction Technique for Aqueous Samples: Theory and Principles. J Microcolumn Sep 11(10): 737-747

Bansleben AC, Schellenberg I, Einax JW, Schaefer K, Ulrich D, Bansleben D (2009). Chemometric tools for identification of volatile aroma-active compounds in oregano. Anal Bioanal Chem 395 (5): 1503-1512

Bansleben AC, Schellenberg I, Ulrich D, Bansleben D (2010). A new and efficient sensory method for a comprehensive assessment of the sensory quality of dried aroma-intensive herbs using oregano as a reference plant. Flav Fragr J 25 (4): 214-218

Baranauskien R, Venskutonis PR, Galdikas A, Senuliene D, Setkus A (2005). Testing of microencapsulated flavours by electronic nose and SPME-GC. Food chemistry 92(1): 45-54

Baser K H C (2002). The Turkish Origanum species. In S. E. Kintzios (ed.):Oregano, TJ International Ltd., Padstow, Cornwall: 109- 126

Bährle-Rapp M (2007). Springer Lexikon Kosmetik und Körperpflege (3.Aufl.). Springer, Berlin, Germany

Berdagué JL, Tournayre P, Cambou S (2007). Novel multi-gas chromatography–olfactometry device and software for the identification of odour-active compounds. J Chromatogr A, 1146(1): 85-92

Bernàth J (1996). Origanum dictamnus L. and Origanum vulgare L. ssp hirtum (Link) Letswaart: traditional uses and production in Greece. In: Padulosi S (ed) Oregano. Rome (Italy)

Bicchi C, Cordero C, Iori C, Rubiolo P, Sandra P (2000a). Headspace Sorptive Extraction (HSSE) in the headspace analysis of aromatic and medicinal plants. J. High Resolut. Chromatogr 23: 539-546.

Bicchi C, Drigo S, Rubiolo P (2000b). The influence of fibre coating in headspace-solid phase microextraction gas chromatography (HS-SPME-GC) analysis of aromatic and medicinal plants. J. Chromatogr. A 892: 469-485

Bicchi C, Iori C, Rubiolo P, Sandra P (2002). Headspace Sorptive Extraction (HSSE), Stir Bar Sorptive Extraction (SBSE), and Solid Phase Microextraction (SPME) Applied to the Analysis of Roasted Arabica Coffee and Coffee Brew. J Agric Food Chem 50: 449-459

Bicchi C, Cordero C, Liberto E, Rubiolo P, Sgorbini B (2004) Automated headspace solid- phase dynamic extraction to analyse the volatile fraction of food matrices. J Chromatogr A 1024: 217-226

Bin-Shan, Yizhong-Z-Cai, et al. (2005). Antioxidant capacity of 26 spice extracts and characterization of their phenolic constituents. J Agric Food Chem 53(20): 7749-7759.

Birbaum N, Schmidt RF (2006). Biologische Physiologie. 6.Aufl., Springer Berlin Heidelberg New York

Blaschek W, Ebel S, Hackenthal E, Holzgrabe U, Keller K, Reichling J, Schulz V (2006). Hagers Handbuch der Drogen und Arzneistoffe. Springer, Berlin

Bloch K (1965). The Biological Synthesis of Cholesterol. Science, 3692(150): 19-28

Blum C (1999). Analytik und Sensorik von Gewürzextrakten und Gewürzölen, Dissertation, Institute für Pharmazie, Universität Hamburg, Deutschland

Boelens M, Boelens H (2000). The chemical and sensory evaluation of edible oleoresins. Perfumer & Flavorist, 25: 10-23

Boring E (1942) Sensation and Perception in the History of Experimental Psychology, Appleton-Century-Crofts, New York.

Boulesteix A (2005) PLS analyses for genomics- The plsgenomics Package Version 1.1.http://cran.r-project.org/src/contrib./Descriptions/plsgenomics.html

Braun T (2007) Chemische Sinne. In: Thomas Braun et al.: Kurzlehrbuch Physiologie. Elsevier, Urban & Fischer

Bowmann JM, Braxton MS, Churchill MA, Hellie JD, Starrett SJ, Causby GY, Ellis DJ, Ensley SD, Maness SJ, Meyer CD, Sellers JR, Hua Y, Woosley RS, Butcher DJ (1997). Extraction Method for the Isolation of Terpenes from Plant Tissue and Subsequent Determination by Gas Chromatography. Microchem J 56 (1):10- 19

Brosius F (2002). SPSS 11. mitp-Verlag, Bonn

Bundesamt für Verbraucherschutz und Lebensmittelsicherheit (2007) Amtliche Sammlung von Untersuchungsverfahren nach § 64 LFGB, Untersuchungen von Lebensmitteln Sensorische Prüfungen

Castel C, Fernandez X, Lizzani-Cuvelier L, Loiseau AM, Perichet C, Delbecque C, Arnaudo JF(2006). Volatile constituents of benzoin gums: Siam and Sumatra, part 2. Study of headspace sampling methods. 21: 56-67

Carlström A (1984). New species of *Alyssum*, *Consolida*, *Oregano* and *Umbilicus* from the SE Aegean Sea. Willdenowia 14: 15-26

Chaudhari N, and Kinnamon SC (2001) Molecular basis of the sweet tooth? Lancet 358: 2101-2

Chaykin S, Law J, Phillips AH, Tchen TT, Bloch K (1958). Phosphorylated intermediates in the synthesis of squalene. Proceedings of the National Academy of Sciences of the United States of America 44: 998-1004

Collings VB (1974) Human taste response as a function of location of stimulation on the tongue and soft palate. Percep Psychophys 16:169-74

Cox SD, Markham JL (2007). Susceptibility and intrinsic tolerance of Pseudomonas aeruginosa to selected plant volatile compounds. J Appl Microbiol 103 (4): 930-936

Curioni PMG, Bosset JO (2002). Key odorants in various cheese types as determined by gas chromatography-olfactometry. Int Dairy J, 12: 959-984 A.

Cuvelier ME, Richard H, Berset C (1996). Antioxidative activity and phenolic composition of pilot-plant and commercial extracts of sage and rosemary. J Am Oil Chem Soc 73(5): 645-652

Danin A (1990). Two new species of *Origanum* (Labiatae) from Jordan. Willdenowia 19:401-404

Danin A, Kuenne I (1996). *Origanum jordanicum* (Labiatae), a new species from Jordan, and notes on the other species of *Origanum* sect. *Campanulaticalyx*. Willdenowia 25: 601

Debonneville C, Orsier B, Flament I, Chaintrea A (2002). Improved hardware and software for quick gas chromatography-olfactometry using CHARM and GC-"SNIF" analysis. Anal Chem, 74(10): 2345-2351

Delahunty CM, Eyres G, Dufour JP (2006). Gas chromatography-olfactometry. J Sep Sci, 29: 2107-2125

De Mastro G (1996). Crop domestication and variability within accessions of Origanum genus. In: Padulosi S (ed) Oregano. Rome (Italy)

Diaz-Maroto MC, Pérez-Coello MS, Cabezudo MD (2002). Headspace solid-phase microextraction analysis of volatile components of spices. Chromatographia 55: 723-728

Dodd J, and Castellucci VF (1991) Smell and taste: The chemical senses. In: Kandel ER, Schwartz JH, and Jessel TM (eds) Principles of neural sciences. Elsevier Science Publishing Co, New York, NY: 512-529

Dorofeev AN, Khort TP, Rusina IF, Khmel'nitskii, Yu V (1989) Search for antioxidants of plant origin and prospects of their use. Sbornik Nauchnykh Trudov Gosudarstvennyi Nikitskii Botanicheskii Sad 109: 42-53

Du WX, Olsen CE, Avena-Bustillos RJ, McHugh TH, Levin CE, Friedman M (2008). Storage Stability and Antibacterial Activity against Escherichia coli O157:H7 of Carvacrol in Edible Apple Films Made by Two Different Casting Methods. J Agric Food Chem 56: 3082

Eggensperger H, Wilker M, Bauer P (1998). Rosmarinsäure : Ein natürlicher multiaktiver Wirkstoff für die Kosmetik und Dermatologie. Teil 1: Rosmarinsäure. SÖFW 124: 563-567

Exarchou V, Nenadis N, et al. (2002). "Antioxidant activities and phenolic composition of extracts from Greek oregano, Greek sage, and summer savory." J Agric Food Chem 50(19): 5294-5299.

Franke W, Kensbock H (1981) Vitamin C- Gehalt von einheimischen Wildgemüse und Wildsalatarten. Ernährungs- Umschau 28: 187-191

LITERATURVERZEICHNIS

Gerhardt U (1994) Gewürze in der Lebensmittelindustrie: Eigenschaften-Technologie- Verwendung. Behr Verlag 2. Aufl., Hamburg

Gertsch J, Leonti M, Raduner S, Racz I, Chen JZ, Xie XQ, Altmann KH, Karsak M, Zimmer A (2008) Proceedings of the National Academy of Sciences, 105 (26): 9099-9104

Hänsel R, Sticher O (2010). Pharmakognosie – Phytopharmazie (9.Aufl.). Springer, Berlin, Germany

Hegnauer R (1979) Verbreitung ätherischer Öle im Pflanzenreich in Vorkommen und Analytik ätherischer Öle. K.-H. Kubeczka (Hrsg.), Thieme Verlag, Stuttgart: 1-10

Herrmann K (1956) Über Kaffeesäure und Chlorogensäure. Pharmazie 11(7): 433-448

Hotelling H (1933) Analysis of a complex of statistic variables into principal components. J Educ Psychol 24: 417-441

Ikeda K (2002) New seasonings. Chem Senses 27: 847-9

Ikeda K, Sakurada T, Takasaka T, Okitsu T, and Yoshida S (1995) Anosmia following head trauma: preliminary study of steroid treatment. Tohoku J Exp Med 177: 343-51

Ietswaart JH (1980). A taxonomic revision of the genus Origanum (Labiatae) Leiden University Press

Internet 1 http://tms.lernnetz.de/immun/index.php?modul=geruchssinn 18.11.2009

Internet 2 http://www.medi-learn.de/seiten/such/bildarchiv.php 19.11.2009

Internet 3 http://wIrtschaftslexikon.gabler.de/Archiv/2564/dendrogramm-v1.html 19.11.2009

Internet 4 http://www.statistic4i.info/fundstat_germ/img/hl_pls_matrix.png 19.11.2009

Johnson CB, Kazantzis A, Skoula M, Mitteregger U, Novak J (2004). Seasonal, populational and ontogenic variation in the volatile oil content and composition of individuals of Origanum vulgare subsp. Hirtum, assessed by GC headspace analysis and by SPME sampling of individual oil glands. Phytochem Anal 15(5): 286-292

Kayhan C (2000), KÜTAS, Izmir, Gespräch

Kessel van KP (1986) Rosmarinic acid inhibits external oxydative effects of human polymorphonuclear granulocytes. In: Agent Actions, 17: 375-376

Kikuzaki H, Nakatani N (1989) Structure of a new antioxidative phenolic acid from oregano (*Origanum vulgare* L.). Agric and Biol Chem 53(2): 519-524

Kokkini S (1996). Taxonomy, diversity and distribution of *Origanum* species. In: Padulosi S (ed) Oregano. IPGRI, Rome (Italy): 2-13

Kreck M, Scharrer A, Bilke S, Mosandl A (2002). Eanatioselctive analysis of monoterpene compounds in essential oils by stir bar sorptive extraction (SBSE)-enantio-MDGC-MS. Flav Fragr J 17: 32-40

Lachmeier D (2003) Neue Methodenkombination aus dynamischer Festphasen-extraktion, Gaschromatographie und Massenspektrometrie für den Einsatz in der forensisch-toxikologischen Haaranalytik, Dissertation, Universität Bonn

Lagouri V, Blekas G, Tsimidou M, Kokkini S, Boskou D (1993) Composition and antioxidant activity of essential oils from oregano plants grown wild in Greece. Z Lebensm Unters und Forschung 197 (1): 20-23

Lamaison JL, Petitjean-Freytet C, Carnat, A (1990) Rosmarinic acid, total hydroxycinnamic derivatives and antioxidant activity of Apiaceae, Borraginaceae and Lamiceae medicinals. Ann Pharm Fr 48: 103-108

Lamaison JL, Petitjean-Freytet C, Carnat A (1991): Medicinal Lamiaceae with antioxidant properties, a potential source of rosmarinic acid. Pharm Acta Helv 66(7): 185-188

Länger R, Mechtler C, Jurenitsch J (1996). Composition of essential oils of commercial samples of *Salvia officinalis* L. and *S. fructosia* Miller: A comparison of oils obtained by extraction and steam distillation. Phytochem Anal 7: 289-293

Leto C, Salamone A (1996). Bio-agronomical behaviour in Sicilian *Origanum* ecotypes. In: Padulosi S (ed) Oregano. Rome (Italy)

Lichtenthaler HK, Schwender J, Disch A, Rohmer M (1997). Biosynthesis of isoprenoids in higher plant chloroplasts proceeds via a mevalonate-independent pathway. FEBS Letters 400: 271-274

Loizzo M, Manichini F, Conforti F, Tundis R, Bonesi M, Saab AM, Statti GA, de Cindio B, Houghton PJ, Manichini F, Frega NG (2009) Food Chem (in press)

Luque de Castro MD, Jiménez-Carmona MM, Fernández-Pérez (1999). Towards more rational techniques for the isolation of valuable essential oils from plants. Trends Anal Chem 18 (11): 708-716

Lynen F, Eggerer H, Henning U, Kessel I (1958). Farnesyl-pyrophosphat und 3-Methyl-butenyl-1-pyrophosphat, die biologischen Vorstufen des Squalens. Angew Chem 70: 738-742

Lynen F, Henning U (1960). Über den biologischen Weg zum Naturkautschuk. Angew Chem 72: 820-829

Malinowski ER (2002). Factor Analysis in Chemistry (3rd ed.). Wiley-VCH, Weinheim, Germany

Milos M, Mastelic J, Jerkovic I (2000). Chemical composition and antioxidant effect of glycosidically bound volatile compounds from oregano (*Origanum vulgare* L.ssp.*hirtum*). Food Chem 71: 79-83

Neumann R, Molnar P (1991) Sensorische Lebensmitteluntersuchung. Fachbuchverlag 2.Aufl., Leipzig

Nguyen U, Frakman G, Evans DA (1991) Process of extracting antioxidants from Labiatae herbs. United States Patent, US 5017397

Nickerson GB, Likens ST (1966) Gas Chromatographic Evidence for the occurrence of hop oil components in Beer. J Chromatogr 21:1-5

Novak I, Zámbori-Nemeth E, Horváth H, Seregély Z, Kaffka K (2003). Study of essential oil components in different Origanum species by GC and sensory analysis. Acta Alimentaria 32 (2): 141-150

Oehme M (1996). Praktische Einführung in die GC/MS-Analytik mit Quadrupolen. Hüthig, Heidelberg

Olivier G W (1997) The world market of oregano. In S. Padulosi (ed.): Oregano, IPGRI, Rom (Italy): 142-146

Parnham MJ, Kesselring K (1985) Rosmarinic acid. In: Drugs Future 10: 756-757

Pasquier B (1996). Selection work on Origanum vulgare in France. In: Padulosi S (ed) Oregano. IPGRI, Rome (Italy): 93-99

Perez RA, Navarro T, De Lorenzo C (2007). HS-SPME analysis of the volatile compounds from spices as a source of flavour in 'Campo Real' table olive preparations. Flav Fragr J 22(4): 265-273

Pimentel VC, da Silvia Riehl CA, Salgueiro Lage CL (2009). Simultaneous distillation-extraction, hydrodistillation and static headspace methods for the analysis of volatile secondary metabolites of *Alpinia zerumbet* (Pers.) Burtt *et.* Smith. from southeast brazil. JEOBP 12 (2): 137-144

Pino JA, Borges P, Roncal E (1993). Differentiation of the essential oils from four species of oregano by gas-liquid chromatography. Alimentaria 244: 105-107

Price SE, Mushrush GW (2003). Analysis of the mass spectral fragmentation patterns of essential oil components from oregano (Origanum vulgare ssp. hirtum). J Undergraduate Chem Res 2: 79-82

Richter J, Schellenberg I, Kabrodt K, Franz, D (2007) Comparison of Different Extraction Methods for their Suitability for the Determination of Essential Oils and Related Compounds of Aromatic Plants. Anal Bioanal Chem 387(6): 2207-2217

Rodriguez-Concepcion M, Boronat A (2002). Elucidation of the methylerythritol phosphate pathway for isoprenoid biosynthesis in bacteria and plastids. A metabolic milestone achieved through genomics. Plant Physiol 130: 1079-1089

Rohmer M, Knani M, Simonin P, Sutter B, Sahm H (1993). Isoprenoid biosynthesis in bacteria: a novel pathway for the early steps leading to isopentenyl diphosphate. Biochem J 295: 517-524.

Ruberto G, Biondi D, Meli R, Piattelli M (1993). Volatile *flavour* components of Sicilian Origanum onites. Flav Fragr J 4: 197-200

Ruzicka L, Meyer J, Mingazzini M (1922). Höhere Terpenverbindungen III. Über die Naphtalinkohlenwasserstoffe Cadalin und Eudalin, zwei aromatische Grundkörper der Sesquiterpenreihe , Helvetica Chimica Acta 5(3): 345-368

Sandra P, Baltusen E, David F, Hoffmann A (2000). Stir bar sorptive extraction (SBSE) applied to environmental aqueous samples. AppNote 2: 1-5

Sandra P, Bicchi C (1987) Capillary Gas Chromatography in Essential Oil Anylysis Hüthig, Heidelberg

Sawabe A, Okamoto T (1994). Natural phenolics as antioxidants and hypotensive materials. Bulletin of the Intitute for Comprehensive Agriculture Sciences, Kinki University 2 : 1-11

Schmaw G, Kubeczka KH (1984). in Essential Oils in Aromatic Plants. Proc. 15th Int Symp (Eds.A. Bearheim- Svedsen, J.J.C. Scheffer):127- 135

Schreier P (1984) Chromatographic Studies of Biogenesis of Plant Volatiles. Hüthig, Heidelberg, Basel, New York

Schwender J, Seemann M, Lichtenthaler HK, Rohmer M (1996). Biosynthesis of isoprenoids (carotenoids, sterols, prenyl side-chains of chlorophylls and plastoquinone) via a novel pyruvate/glyceraldehyde 3-phosphate non-mevalonate pathway in the green alga *Scenedesmus obliquus*. Biochem J 316: 73-80

Seaberg, A. C., R. G. Labbe, et al. (2003). Inhibition of *Listeria monocytogenes* by elite clonal extracts of oregano (*Origanum vulgare*). Food Biotechnol 17: 129-149.

Sharaf MA, Illman DL, Kowalski BR (1986). Chemometrics. Wiley-VCH, Weinheim, Germany

Shu N, Shen H (2008). Aroma-impact compounds in *Lysimachia foenum-graecum* extracts. Flav Fragr J 24 : 1-6

Steinegger E, Hänsel R (1992) Lehrbuch der Pharmakognosie und Phytopharmazie. Berlin Heidelberg New York London Paris Tokoyo Hong Kong Barcelona Budapest: Springer 5 Aufl.

Takacsova M, Pribela A, Faktorova M (1995) Study of antioxidative effects of thyme, sage, juniper and oregano. Nahrung 39 (3): 241-243

Ternes W (1994) Naturwissenschaftliche Grundlagen der Lebensmittelzubereitung. Behr Verlage, 2. Auflage, Hamburg

Teuscher E (2004) Biogene Arzneimittel, Wissenschaftliche Verlagsgesellschaft mbH Stuttgart 6. Aufl.

Teuscher E (2003). Gewürzdrogen, Wissenschaftliche Verlagsgesellschaft mbH Stuttgart.

Tienpont B, David F, Bicchi C, Sandra P (2000). High capacity headspace sorptive extraction. J Microcol Sep 12: 577-584

Tholl D, Boland W, Hanse A, Loreto F, Röse U, Schnitzler JP (2008). Practical approaches to plant volatile analysis. Plant J 45: 540-560

Thomé OW (1885). Flora von Deutschland, Österreich und der Schweiz. Gera, Germany

Tucker AO, Maciarello MJ (1994). Oregano: botany, chemistry, and cultivation. Devel Food Sci 34: 439-456

Ultee A, Smid EJ (2001). Influence of carvacrol on growth and toxin production by Bacillus cereus. Int J Food Microbiol 64 (3): 373-378

Van den Dool H, Kratz, PD (1963). A generalization of the retention index system including linear temperature programmed gas-liquid partition chromatography. J Chromatogr 11:463-471

Van Ruth SM (2004). Evaluation of two gas chromatography-olfactometry methods: the detection frequency and perceived intensity method. J Chromatogr A 1054: 33-37

Vokou D, Kokkini S, et al. (1993). Geographic variation of Greek oregano (Origanum vulgare ssp. hirtum) essential oils. Biochem System Ecol 21(2): 287-295.

Wallach O (1887). Zur Kenntnis der Terpene und ätherischen Öle. Justus Lieb Ann Chem, 238: 78

Ward J H (1963). Hierarchical Grouping to Optimize an Objective Function. J Amer Statistical Assoc 58: 236–244

Watzl B, Leitzmann C (1995). Bioaktive Substanzen in Lebensmitteln, Hippokrates Verlag GmbH, Stuttgart: 29

Wilkins C, Madsen JO (1991). Oregano headspace constituents. Z Lebensm Unters Forsch 192: 214-219

Wold H (1974) Causal flows with latent variables. European Economic Rev 5: 67-86

Wolff AC, Schellenberg I, Ulrich D (2007a) Pressurized liquid extraction (PLE) for the extraction of essential oil compounds of aromatic herbs. Proceedings of International Symposium on Essential Oil, Graz

Wolff AC, Schellenberg I, Bansleben D (2007b) Headspace Solid Phase Microextraction (HS-SPME), Headspace Solid Phase Dynamic Extraction (HS-SPDE) and Headspace Sorptive Extraction (HSSE) - Applied to the analysis the volatile components in herbs. J Medicnical Spice Plants 12(3): 147-153

Zellner A, Dugo P, Dugo G, Mondello L (2008). Gas chromatography-olfactometry in food flavour analysis. J Chromatogr A 1186:123-143

Zhang Z, Yang M J, Pawliszyn J (1994). Solid-Phase Microextraction. A Solvent-Free Alternative for Sample Preparation. Anal Chem 66: 844A-853A.

Zheng S (1997) Indian J Chem , Sect B: Org Chem Incl Med Chem 36 B (1): 104-106

Zijlstra.Adriano C (2006). World Markets in the Spice Trade 2000-2004. International Trade Centre (ITC), Geneva, Switzerland

Publikationen

1. Streckel W, <u>Wolff AC</u>, Prager R, Tietze E, Tschäpe H (2004). Expression profiles of effector proteins SopB, SopD1, SopE1, and AvrA differ with systemic, enteric, and epidemic strains of *Salmonella enterica*. Mol Nutr Food Res 48: 496–503

2. <u>Wolff AC</u>, Schellenberg I, Bansleben D (2007). Headspace Solid Phase Microextraction (HS-SPME), Headspace Solid Phase Dynamic Extraction (HS-SPDE) and Headspace Sorptive Extraction (HSSE) – Comparing the methods applied to the analysis of volatile components in herbs. Journal of Medicinal and Spice Plants,12(3): 147-153

3. <u>Wolff AC</u>, Schellenberg I (2007). Investigations of suitability of Headspace Solid Phase Dynamique Extraction (HS-SPDE) to determine the compostion of aroma active components in herbs. Lebensmittelchemie, 61:135

4. <u>Wolff AC</u>, Schellenberg I, Bansleben D (2008). Aroma- Profiling optimieren- Die Nase vorn hat HSSE. Gerstel Aktuell, 40: 20-23

5. Bansleben D, Schellenberg I, <u>Wolff AC</u> (2008). Highly automated and fast determination of raffinose family oligosaccharides in Lupinus seeds using pressurized liquid extraction (PLE) and high performance anion exchange chromatography with pulsed amperometric detection (HPAE – PAD). Journal of the Science of Food and Agriculture,88(11): 1949-1953

6. <u>Wolff AC</u>, Deussing G (2008). Aroma- Profiling mittels Headspace-Technik. Laborpraxis, Februar 2008: 60-63

7. <u>Bansleben AC</u>, Schellenberg I, Einax J, Schaefer K, Ulrich D, Bansleben D (2009). Chemometric tools for identification of volatile aroma-active compounds of oregano. Analytical & Bioanalytical Chemistry, 395(5): 1503-1512

8. <u>Bansleben AC</u>, Schellenberg I, Ulrich D, Bansleben D (2010). A new and efficient sensory method for a comprehensive assessment of the sensory quality of dried aroma-intensive herbs using oregano as a reference plant. Flavour and Fragrance Journal, 25(4): 214-218

Vorträge

1. <u>Wolff AC</u>, Schellenberg I, Bansleben D (2006). Comparison of automated headspace solid phase dynamic extraction (HS-SPDE), headspace solid phase microextraction (HS-SPME) and headspace sorptive extraction (HSSE) to analyse volatile fraction of aroma active compounds in basil and oregano. Narossa, Magdeburg, Deutschland

2. <u>Wolff AC</u> (2006). HS-SPDE Verfahren zur inhaltsstofforientierten Aroma-Pflanzenzüchtung, Tag der Forschung, Köthen, Deutschland

3. Wolff AC, Schellenberg I (2007). Vergleich von automatischer Headspace Solid Phase Dynamic Extraction (HS-SPDE), Headspace Solid Phase Microextraction (HS-SPME) und Headspace Sorptive Extraction (HSSE) für die Analyse flüchtiger Fraktionen aromaaktiver Verbindungen von Basilikum und Oregano. Doktorandentagung der Universität Siegen, Attendorn, Deutschland

4. Wolff AC, Schellenberg I (2007). Vergleich von automatischer Headspace Solid Phase Dynamic Extraction (HS-SPDE), Headspace Solid Phase Microextraction (HS-SPME) und Headspace Sorptive Extraction (HSSE) für die Analyse flüchtiger Fraktionen aromaaktiver Verbindungen von Basilikum und Oregano. Tagung des Regionalverbands Süd-Ost der GDCh, Halle (Saale), Deutschland

5. Wolff AC, Schellenberg I, Bansleben D (2007). Vergleich von automatischer Headspace Solid Phase Dynamic Extraction (HS-SPDE), Headspace Solid Phase Microextraction (HS-SPME) und Headspace Sorptive Extraction (HSSE) für die Analyse flüchtiger Fraktionen aromaaktiver Verbindungen von Basilikum und Oregano. Tagung 40 Years Gerstel, Mülheim an der Ruhr, Deutschland

6. Wolff AC, Schellenberg I, Ulrich D (2007). Pressurized liquid extraction (PLE) for the extraction of essential oil compounds of aromatic herbs. International Symposium on Essential Oils (ISEO), Graz, Österreich

7. Wolff AC, Schellenberg I, Ulrich D (2008). Comparison of Pressurized liquid extraction (PLE), Solvent extraction and Hydrodistillation for the extraction of essential oil compounds of aromatic herbs. International Life Sciences Conference, Warschau, Polen

8. Bansleben AC, Schellenberg I (2009). Die Chemometrik – Werkzeug in der Aromastoffanalytik zur Identifizierung flüchtiger aromarelevanter Verbindungen von Oregano. Doktorandentagung der Universität Siegen, Attendorn, Deutschland

9. Bansleben AC, Schellenberg I, Einax J, Schaefer K, Ulrich D (2009). Anwendung der Chemometrie für die Identifizierung flüchtiger aromarelevanter Verbindungen in der Aromastoffanalytik am Beispiel des Oregano. Anakon, Berlin, Deutschland

10. Bansleben AC (2009). Analytische und sensorische Charakterisierung von Oregano. Anwenderseminar GC-MS und LC-MS der Firma Gerstel, Göttingen, Potsdam, Hamburg, Mülheim an der Ruhr, Deutschland

11. Bansleben AC, Schellenberg I, Einax J, Schaefer K, Ulrich D, Bansleben D (2009). Appling chemometric methods to identify volatile aroma active compounds of oregano. International Symposium on Essential Oils (ISEO), Turin, Italien

Poster

1. Wolff AC, Schellenberg I (2005). Investigations of the suitability of Solid Phase Dynamique Extraction (SPDE) to determine the composition of aroma active components in herbs. International Symposium on Essential Oils (ISEO), Budapest, Ungarn

2. Wolff AC, Schellenberg I (2006). Investigations of the suitability of Solid Phase Dynamique Extraction (SPDE) to determine the composition of aroma active components in herbs. Tag der Forschung, Köthen, Deutschland

3. Wolff AC, Schellenberg I (2006). Headspace Solid Phase Microextraction (HS-SPME), Headspace Solid Phase Dynamic Extraction (HS-SPDE) and Headspace Sorptive Extraction (HSSE) - Applied to the analysis of volatile fraction of aroma active components in herbs. International Symposium on Essential Oils (ISEO), Grasse, Frankreich

4. Wolff AC, Schellenberg I (2006). Headspace Solid Phase Microextraction (HS-SPME), Headspace Solid Phase Dynamic Extraction (HS-SPDE) and Headspace Sorptive Extraction (HSSE) - Applied to the analysis of volatile fraction of aroma active components in herbs. 35. Deutscher Lebensmittelchemikertag der GDCh, Dresden, Deutschland

5. Wolff AC, Schellenberg I (2007). Headspace Solid Phase Microextraction (HS-SPME), Headspace Solid Phase Dynamic Extraction (HS-SPDE) and Headspace Sorptive Extraction (HSSE) - Applied to the analysis of volatile fraction of aroma active components in herbs. Doktorandentagung der Universität Siegen, Attendorn, Deutschland

6. Wolff AC, Schellenberg I (2007). Headspace Solid Phase Microextraction (HS-SPME), Headspace Solid Phase Dynamic Extraction (HS-SPDE) and Headspace Sorptive Extraction (HSSE) - Applied to the analysis of volatile fraction of aroma active components in herbs. Saluplanta Winterseminar, Bernburg, Deutschland

7. Wolff AC, Schellenberg I (2007). Headspace Solid Phase Microextraction (HS-SPME), Headspace Solid Phase Dynamic Extraction (HS-SPDE) and Headspace Sorptive Extraction (HSSE) - Applied to the analysis of volatile fraction of aroma active components in herbs. Tagung des Regionalverbands Süd-Ost der GDCh, Halle (Saale), Deutschland

8. Wolff AC, Schellenberg I, Ulrich D, Bansleben D (2008). Gaschromatography-Olfactometry for identification of volatile aroma-important compounds in oregano, International Symposium on Essential Oils (ISEO), Quedlinburg, Deutschland

9. Bansleben AC, Schellenberg I (2010). Chemometrische Verfahren zur Identifizierung flüchtiger aromarelevanter Verbindungen. 39. Deutscher Lebensmittelchemikertag der GDCh, Stuttgart-Hohenheim, Deutschland

i want morebooks!

Buy your books fast and straightforward online - at one of world's fastest growing online book stores! Environmentally sound due to Print-on-Demand technologies.

Buy your books online at
www.get-morebooks.com

Kaufen Sie Ihre Bücher schnell und unkompliziert online – auf einer der am schnellsten wachsenden Buchhandelsplattformen weltweit! Dank Print-On-Demand umwelt- und ressourcenschonend produziert.

Bücher schneller online kaufen
www.morebooks.de

VDM Verlagsservicegesellschaft mbH
Heinrich-Böcking-Str. 6-8　　Telefon: +49 681 3720 174　　info@vdm-vsg.de
D - 66121 Saarbrücken　　　Telefax: +49 681 3720 1749　　www.vdm-vsg.de

Printed by Books on Demand GmbH, Norderstedt / Germany